智能建筑与智慧消防系统

王彦斌　穆林雨　白梓昀　著

化学工业出版社

·北京·

内容简介

本书开篇阐释了智能建筑的组成、功能及与智能家居、社区、城市的协同逻辑，探讨建筑智商评价与可持续发展路径；继而深入介绍数字孪生、物联网、人工智能、元宇宙等核心技术，解析NIP智能规划、WSN施工监测、CV安全监管等建造全流程智能化平台体系。围绕空间设计，本书阐述智能空间的概念、系统特点及语义网络驱动的设计策略，结合节能设计中综合布线、Agent模型及设备管理系统的优化应用，展现了技术与建筑性能的融合。同时详解建筑设备自动化系统的监控、消防、安防功能，通过办公室净高、动态立面等本体设计实践，揭示智能建筑在功能需求、环境适配中的创新路径，展望建筑本体智能化的未来趋势，构建从理论技术到实践应用的完整知识架构。

本书适合建筑工程、城市规划、智能科技等相关领域的从业者、研究者及相关专业的师生参考阅读。

图书在版编目（CIP）数据

智能建筑与智慧消防系统 / 王彦斌，穆林雨，白梓昀著. -- 北京 : 化学工业出版社，2025. 10. -- ISBN 978-7-122-48991-3

Ⅰ. TU892

中国国家版本馆CIP数据核字第20251A05U1号

责任编辑：李旺鹏　吕梦瑶
责任校对：杜杏然　　　　装帧设计：刘丽华

出版发行：化学工业出版社（北京市东城区青年湖南街13号　邮政编码100011）
印　　装：北京科印技术咨询服务有限公司数码印刷分部
710mm×1000mm　1/16　印张 13½　字数 200千字　2026年1月北京第1版第1次印刷

购书咨询：010-64518888　　　　售后服务：010-64518899
网　　址：http://www.cip.com.cn
凡购买本书，如有缺损质量问题，本社销售中心负责调换。

定　　价：98.00元

前 言

在以数字化、智能化为核心特征的新时代背景下，城市建设正迈向“智慧化”发展的新阶段。智慧城市作为未来城市发展的重要形态，不仅是技术整合的产物，更是管理理念与城市功能重塑的集中体现。在这一宏观趋势引领下，智能建筑作为智慧城市的重要组成部分，日益展现出系统集成、信息感知、智能决策等多重功能，其结构设计、功能布局与运行模式也在不断升级和优化。尤其在城市高密度建设和人口聚集的背景下，建筑物作为公共安全与服务的重要载体，面临着更高层次的安全性能要求，其中消防系统的智能化转型尤为关键。

传统的建筑消防系统已无法满足现代城市中对火灾快速响应、信息高效处理与资源精准调配的需求。随着物联网、大数据、人工智能等技术在建筑领域的深度融合，智慧消防应运而生，成为智能建筑体系中不可或缺的重要模块。智慧消防不仅涉及感知设备的互联互通，更依赖于多系统协同管理，实现火灾预警、决策辅助与应急响应的一体化管理机制。与此同时，智能建筑的发展也不再仅停留于单一功能的堆叠，而是逐步朝着“绿色、低碳、智能、安全”的综合目标迈进，形成多维度联动的系统生态。因此，系统梳理智慧城市建设背景下智能建筑的发展逻辑与消防系统的技术演进，对于构建高效、安全、可持续的城市空间具有重要的理论价值与实践意义。

本书围绕智慧城市建设中的智能建筑与消防系统，系统梳理了从概念到技术集成的全过程。全书共分七章，涵盖智慧城市建设概论、智能建筑的发展及功能、智能建筑系统的搭建、智能建筑本体结构的设计与发展、智能建筑的设计创新、建筑物智慧消防系统防火设计、建筑类火灾分析与智慧消防系统灭火赋能等内容。前三章聚焦智慧城市的基本框架与智能建筑的系统功能，从技术构成到信息网络，构建了智能建筑运行机制的整体轮廓；第四与第五章从设计与创新角度出发，探讨在智慧理念下建筑空间的组织方式与可持续发展路径，强调绿色生态、人工智能与物联网技术的融合应用；第六与第七章深入探讨智慧消防系统的构建逻辑，重点分析了火灾防控设计、典型消防设施应用、信息化平台建设以及智能装备在实战中的具体应用，力求全面展示智慧消防体系在城市安全治理中的作用与潜力。

本书在内容体系上，既从宏观层面展现智慧城市的建设逻辑，又深入微观层面分析智能建筑与智慧消防系统的技术实现路径。在研究视角上，注重多学科交叉融合，将建筑设计、信息技术、城市管理与消防安全有机整合，力求呈现建筑领域未来发展的复合趋势。在技术路径上，本书重点聚焦人工智能、物联网、大数据等前沿科技的实际应用，结合火灾预警、辅助决策与智能灭火等具体场景，构建具有现实指导意义的研究框架。总体而言，本书不仅为相关专业的研究人员和技术从业者提供理论参考，也为城市规划者与政策制定者提供实践指导与战略思考。

目 录

第一章　智慧城市建设概论

在当今城市化进程加速、信息技术飞速发展的时代，智慧城市建设已成为全球城市发展的新趋势。随着城市规模扩大，人口、资源、环境等矛盾日益凸显，传统城市管理模式面临挑战。研究智慧城市建设不仅能为解决城市发展难题提供新思路，还可提升城市竞争力与居民生活质量。本章深入探讨智慧城市发展及建设思路、保障与路径，以及综合规划与建设等内容，为后续研究奠定基础。

第一节　智慧城市发展及建设思路

一、智慧城市的内涵

智慧城市有广义和狭义两种理解：广义上的智慧城市是指以“发展更科学，管理更高效，社会更和谐，生活更美好”为目标，以自上而下、有组织的信息网络体系为基础，使得整个城市具有较为完善的感知、认知、学习、成长、创新、决策、调控能力和行为意识的一种新型城市的新常态；狭义上的智慧城市概念指的是以物联网（IoT）为基础，通过物联化、互联化、智能化方式，让城市中各个功能彼此协调运作，以智慧技术高度集成、智慧产业高端发展、智慧服务高效便民为主要特征的城市发展新模式，其本质是更加透彻地感知、更加广泛地互联、更加集中和更有深度地计算，为城市的管理与服务运行植入智慧的基因。

智慧城市建设应统筹城市发展的物质资源、信息资源和智力资源利用，推动物联网、云计算、大数据等新一代信息技术创新应用，实现与城市经济社会发展深度融合。应加强信息网络与数据中心等关键信息基础设施建设，推动跨部门、跨行业、跨地域的政务信息高效共享与业务深度协同，加强信息资源的社会化开发与利用，推广智能化信息应用与创新信息服务，进而促进城市规划管理的信息化进程、基础设施的智能化升级、公共服务的便捷化提供、产业发展的现代化转型以及社会治理的精细化实施。同时还应增强城市要害信息系统和关键信息资源的安全保障能力。

随着信息化在我国国民经济和社会各领域的应用效果日渐显著，政府信息化借助智慧政府内外网的建设，有力推动了政府管理模式的创新，实现了网上办公的高效便捷、业务协同的无缝对接以及政务信息的全面公开。农业信息服务体系不断完善，应用信息技术改造传统产业不断取得新的进展，数字技术的广泛应用，显著提升了城市信息化在市政管理、城市管理、交通运输、公共安全、环境保护、节能减排以及基础设施建设等多个领域现代化管理的综合效能。社会信息化在科技、教育、文化、医疗卫生、社会保障、环境保护、智慧社区，以及电子商务与现代物流等领域发展势头良好。产业信息化在新能源、交通运输、冶金、机械和化工等行业的信息化水平逐步提高，传统服务业向现代服务业转型的步伐加快，信息服务业蓬勃兴起。

二、智慧城市的发展思路

（一）一体整合大平台

一体整合大平台指的是构建一个新型智慧城市中，政务信息资源和社会信息资源能够实现互联互通的共享平台。这个平台通过运用“信息栅格”的开放体系架构，采用以“平台为核心”的分级分类总体结构，将城市级共享信息一级平台作为核心，形成与行业级二级平台、业务级三级平台的分级体系。同时，它还实现了政府政务、城市社会治理、社会民生、企业经济等不同领域的分类数据与信息的紧密相连，构建了一个智慧化的信息资源共享体系。这样的体系不仅促进了数据资源的高效流通和利用，而且为构建全国一体化的国家大数据中心奠定了坚实的基础，从而推动了智慧城市的全面发展。

（二）共享共用大数据

共享共用大数据平台是新型智慧城市中至关重要的组成部分，它主要负责政务大数据和社会大数据的采集、存储、应用等关键环节。通过这个平台，可以实现数据资源的高效共享和广泛利用，确保不同部门和机构之间能够便捷地交换和处理信息。这样的共享交换平台不仅提高了数据处理的效率和质量，还促进了数据资源的深度挖掘和创新应用，为智慧城市的决策支持、公共服务和社会管理提供了强大的数据支撑，从而推动了智慧城市的智能化进程。

（三）安全可控大网络

安全可控大网络，作为新型智慧城市“天地一张栅格网”的核心，确保了网络融合与安全。其运用“信息栅格”开放的体系架构，采用以网络为中心的分级分类的总体结构，以城市级互联网为基础，形成与各级政府电子政务内网和电子政务外网的分级，以及政府政务、城市社会治理、社会民生、企业经济等数据的分类，是相关数据与信息紧密相连，网络融合与安全可控一体化的大网络体系。

（四）协同联动大系统

新型智慧城市协同联动大系统建设以跨部门、跨地区协同治理为新型智慧城市系统工程建设的主要形态，旨在建成执政能力、民主法治、综合调控、市场监管、公共服务、公共安全等大平台、大数据、大网络的协同联动的大系统体系，形成国家协同治理的新格局，满足跨部门、跨地区的综合调控与协同治理需求，实现一体化服务，支撑国家治理创新取得突破性进展。

（五）“三中心一平台”信息基础设施

新型智慧城市网络融合与安全中心、大数据资源中心、运营管理中心、信息共享一级平台，即“三中心一平台”，其是新型智慧城市“六个一”核心要素的具体实现。“三中心一平台”是打通信息壁垒、消除信息孤岛、避免重复建设的信息基础设施，是解决网络融合与安全，信息互联互通、数据共享交换、业务协同联动的根本方法和措施。

三、智慧城市建设思路

（一）智慧城市建设的目标

新型智慧城市建设以网络中心、数据中心、运管中心、通用功能平台“三中心一平台”四位一体为信息基础设施。通过新一代信息技术如信息栅格、云计算、物联网和大数据的创新应用，中国正在构建一个覆盖省市县、跨领域、跨行业、跨部门的全国信息资源共享体系。例如呼和浩特市通过建立共享标准规范和积极推进数据共享，取得了政务信息资源共享的突破性进展。此外，国家发展改革委宣布数据资源共享平台的上线，标志着数据治理和资源整合迈出了重要一步。这些举措不仅强化了信息资源的社会化开发利用，而且与城市及社会治理和经济发展实现了深度融合。

新型智慧城市建设以为民服务全程全时为目标，构建清廉的、全面的、高效的、均等化的智慧民生服务体系，实现社保、医疗、健康、养老、教育、就业、公共安全、食品药品安全、社区服务、家庭服务等智慧民生服务信息的互联互通、数据共享、服务协同。

新型智慧城市建设以城市治理高效有序为目标，构建城市治理体系和提升治理能力的现代化。信息是城市治理的重要依据，应发挥信息在治理进程中的重要作用，以信息化推进城市治理体系和治理能力现代化，构建一体化城市治理平台。

新型智慧城市建设以数据开放共融共享为目标，构建政务信息资源共融共享体系和各级政府信息资源共享平台。将法人、人口、经济、地理信息、政务、治理、民生、经济等基础数据进行大数据“总和”，实现信息互联互通和数据共享交换的共融共享。智慧政务大数据具有对结构各异的数据进行分类、清洗、抽取、挖掘、分析、汇集、共享、交换的功能。

新型智慧城市建设旨在促进经济发展与绿色开源并重，致力于构建涵盖生态环境、绿色低碳、海绵城市、循环经济在内的可持续发展体系；绿色经济发展与环境保护、绿色低碳理念深度融合，同时强化空气质量监测、能耗监测等手段，与循环经济、可持续发展理念相辅相成，共同推进；实现环境保护、绿色低碳、海绵城市建设、能源管理以及循环经济等领域的信息高效互联互通与数据共享交换。

（二）智慧城市建设的要素

新型智慧城市建设的核心要素可以概括为“六个一”系统工程。这六个方面是构建智慧城市不可或缺的基石，它们共同作用，推动城市向智能化、信息化方向发展。

1. 构建一个开放的体系架构

新型智慧城市是一个复杂巨系统，需要遵循体系建设规律，运用系统工程方法，构建开放的体系架构，通过“强化共用、整合通用、开放应用”的思想，指导各类新型智慧城市建设和发展。这种架构能够确保不同系统和平台之间的兼容性与互操作性，为智慧城市的可持续发展奠定坚实基础。

2. 构建共性基础“一张网”

为了实现城市的精确感知、信息系统的互联互通和惠民服务的无处不在，要构建一张天地一体化的城市信息服务栅格网，夯实新型智慧城市建设的基础。这张网将覆盖城市的每一个角落，确保信息的实时更新和高效流通，为市民提供更加便捷和高效的服务。

3. 建立一个通用功能平台

为有效管理城市基础信息资源，提高系统的使用效率，需要构建一个通用功能平台，实现各类信息资源的调度管理和服务化封装，进而支撑城市管理与公共服务的智慧化。这个平台将作为智慧城市的“大脑”，统筹协调各种资源，确保城市运行的高效和有序。

4. 建立一套数据体系

海量数据作为新型智慧城市的独特成果，需构建开放共享的数据体系，通过规范整编与融合应用，汇聚数据资源，从而强化决策支持数据的生成与应用能力，进一步推动城市治理向科学化、智能化迈进。数据体系是智慧城市决策的依据，它能够帮助城市管理者洞察城市运行的规律，做出更加明智的决策。

5. 建立一个高效的运营管理中心

为更好地实现对城市的市政设施、公共安全、生态环境、宏观经济、民生民意等状况的有效掌握和管理，需要构建新型智慧城市统一的运行中心，实现城市资源的汇聚共享和跨部门的协调联动，为城市高效精准管理和安全可靠运行提供支撑。这个中心将成为城市运行的指挥中心，确保各项服务和管理措施能够迅速有效地实施。

6. 建立一套统一的标准体系

标准化是新型智慧城市规范、有序、健康发展的重要保证，需要通过政府主导，结合各城市特色，分类规划建设内容及核心要素，建立健全涵盖“建设、改革、评价”三方面内容的标准体系。这套标准体系将为智慧城市的建设提供明确的指导和评价标准，确保城市发展的质量和效益。

第二节 智慧城市建设的保障与路径

一、智慧城市建设的保障

（一）组织保障

智慧城市建设，涉及智慧产业、智慧民生、智慧设施、智慧治理、智慧生态、智慧文化等多方面内容，是一项长期的、复杂的系统工程。强有力的组织领导是确保各项工作有效实施并取得实效的关键所在。只有各级各部门统一思想、上下协作、坚定信心、合力攻坚，认真落实各项工作任务，才能保证智慧城市建设迈上新台阶。

1. 统一思想认识

自国家住房和城乡建设部公布了我国首批智慧城市开始，我国正式进入了智慧城市快速发展阶段。党的十九大报告进一步明确了智慧城市建设方向：“加强应用基础研究，拓展实施国家重大科技项目，突出关键共性技术、前沿引领技术、现代工程技术、颠覆性技术创新，为建设科技强国、质量强国、航天强国、网络强国、交通强国、数字中国、智慧社会提供有力支撑。加强国家创新体系建设，强化战略科技力量。”其中“数字中国、平安中国、智慧社会”等理念为智慧城市建设提出并明确了发展方向和发展路径。“数字中国”建设要求智慧城市建设要以大数据、云计算、物联网、互联网、人工智能等新一代信息技术为支撑，让城市更加智慧、更加便捷、更加高效；“平安中国”建设要求智慧城市建设要以城市安全为切入点，通过提高城市信息安全、治理安全、产业安全等，全面提升城市安全层级，让城市更加安全、更加可靠；“智慧社会”建设要求智慧城市建设应与智慧社会建设统一起来，通过智慧产业、智慧民生、智慧社区、智慧生态、智慧文化等方面建设，构建“智慧社会”，让城市更加智慧化、便捷化、高效化、融合化。

面对智慧城市建设新思想，在推动智慧城市建设过程中要求各级党委、政府特别是主要领导干部，充分认识到加快智慧城市建设的重要性和紧迫性，站在全局的战略高度，切实把思想认识统一到智慧城市建设工作部署上来。加快我国智慧城市建设，统一思想认识是前提，统一思想认识才能统一行动，形成发展合力。统一思想认识，即要高举中国特色社会主义伟大旗帜，确保思想认识与加快智慧城市建设、与新型城镇化建设的步伐同频共振。统一思想，就是要统一对智慧城市内涵的认识，牢固树立和全面落实科学发展观，靠正确的战略和策略谋求发展的共识，靠开拓创新的理念谋求发展的共识，靠务实重干的精神谋求发展的共识，切实把智慧城市建设作为城市发展的第一要务。

2. 加强组织领导

加快智慧城市建设，是顺应城市发展规律、破解城市发展难题、转变城市发展方式的必然选择。坚强有力的组织领导，是推动智慧城市建设取得实效的关键和保证。加强组织领导，应做到以下三点：

一是健全组织机构。各级部门要始终把加快智慧城市建设放在突出位置，以智慧城市建设统揽城市建设工作。要形成党政主要领导亲自抓、分管领导全力抓、职能部门分工抓的领导机制，切实增强对智慧城市建设工作的领导力。

二是严格工作责任，认真检查落实。各级各部门、各单位须根据智慧城市建设的总体目标，将各项目标任务细化分解至具体单位和负责人，并明确具体的工作时限和要求，确保任务的有效执行。各级政府上下各级各部门要充分发挥各自的职能作用，要树立全局意识，整体推进、务求实效，紧紧围绕领导科学发展、改革创新，各司其职、密切协作。要加大对智慧城市建设工作的检查和督办力度，及时通报各项工作进展情况，总结典型经验，及时发现苗头性、倾向性问题。

三是加强领导班子建设，把各级领导班子建设成为善于推动科学发展、善于领导创业创新、善于建设智慧城市的领导核心。面对我国智慧城市建设面临的复杂形势和繁重任务，各级领导要牢牢把握经济工作的主动权，敢于担当，知难而进、迎难而上，在科学研判中保持头脑清醒，在有力应对中增强工作实效，在内外并重的开放系统中寻求资源和生产要素的最佳组合，扎实推进重点领域和关键环节改革，释放发展的巨大潜力、源头活力和持久动力，以改革创新的精神推动智慧城市建设迈上新台阶。

（二）制度保障

智慧城市建设需要强有力的制度保障体系，通过建立组织协调机制、完善监督机制，为智慧城市建设创造良好的制度环境。

1. 建立组织协调机制

我国智慧城市建设是一项系统工程，不是单兵突进，而是全面升级，只有综合平衡地把各方面的工作搞好，才能保证智慧城市建设有新的突破。智慧城市建设加速推进的过程中，将不可避免地涉及多个部门利益的重新分配。因此，协调机制的构建须紧密围绕城市发展大局，依据智慧城市建设的具体目标，有效整合各方资源，确保在组织层面激发活力、在工作层面形成协同、在效果层面实现整体跃升，并在程序层面提供坚实保障。须建立健全由党委统一领导，政府具体负责，下级部门责任清晰、分工明确的纵向协调体系，确保各级部门在推进智慧城市建设时，既能各司其职、不越权揽事，又能相互协作、不推诿扯皮，真正实现各负其责、协同高效。要建立健全各级政府相关部门密切配合的横向协调机制，以及中央与省、市、县四级政府部门间的内部协调机制，通过搭建协调平台、召开联席会议、建立争议解决机制等方式，合力解决智慧城市建设过程中出现的新情况、新问题。要建立和明确智慧城市建设工作组织协调的责任程序，明确组织协调的各级责任人、责任机构，明确组织协调的主体、客体，进而有效推动智慧城市建设。

2. 完善监督机制

构建科学严谨、高效适时的监督机制，对于减少公共权力滥用风险、提升政务透明度以及确保政府决策与执行的效力至关重要。智慧城市建设，其任务的艰巨性决定了其过程的复杂性，这既是一场持久战，也是一场攻坚战，科学有效的监督机制可以将智慧城市建设纳入依法运行的轨道。完善监督机制要紧紧围绕智慧城市建设这一主体进行，加强党政监督、人大的法律监督、政府自身的行政监督、人民群众的监督、新闻舆论监督和司法监督，着力促进经济社会持续健康发展与智慧城市建设有机统一。

加强党政监督，要充分发挥党对智慧城市建设的路线、方针、政策的监督作用，紧紧围绕新型城镇化建设，认真做好智慧城市建设的监督保障工作。加强人大的法律监督，对政府部门关于推动智慧城市建设，在智慧产业、智慧民生、智慧社区、智慧生态、智慧文化等方面的重大决策部署执行情况开展监督检查。加强政府内部监督，须密切关注检察机关公务人员在智慧城市建设过程中的廉洁自律情况，严厉查处违法违纪行为，积极推动廉政建设，深入开展廉政教育，为智慧城市的健康发展提供坚实保障。智慧城市建设中的数据整合和信息共享机制，可以成为加强人民群众监督和新闻舆论监督的有效工具，有助于及早发现和纠正苗头性、倾向性问题，防止和减少腐败现象的发生，推动惩治和预防腐败体系更好更快地建立。

二、智慧城市建设的路径

（一）智慧城市建设的根本途径：创新发展

创新是智慧城市建设的关键所在，是推动智慧城市建设的核心动力。智慧城市建设，归根结底要依靠创新。通过技术创新为智慧城市建设提供技术支撑，通过模式创新为智慧城市建设提供多种路径选择，通过制度、管理创新为智慧城市建设提供良好发展环境。

1. 创新发展是我国智慧城市建设的关键举措

坚持创新发展，必须把创新摆在国家发展全局的核心位置，不断推进理论创新、制度创新、科技创新、文化创新等各方面创新，让创新贯穿党和国家一切工作，让创新在全社会蔚然成风。智慧城市是在新一代信息技术革新、社会管理理念创新以及公共生活观念改变的基础上形成的一种新的城市发展理念和模式。智慧城市的建设，自概念萌芽至模式选定，再到持续推进，每一步都镌刻着创新的烙印，是其不可或缺的动力源泉。创新，犹如一条主线，贯穿智慧城市建设始终，串联起每一个关键节点。

①智慧城市的基石稳固，得益于创新的强力支撑。核心技术的迭代升级、数

据库平台的持续革新、智能设备的日益完善，共同构筑了智慧城市建设的坚固底座。

②智慧城市的发展离不开创新的推动。以智慧医疗、智慧交通、智慧环境监测和智慧公共安全系统等为代表的智慧应用系统，通过技术创新和模式创新，不断满足市民日益变化的生活需求。

③智慧城市治理离不开创新支撑。智慧城市建设还需要智慧的治理方式，通过智慧治理实现城市智能化、绿色化、高端化发展；而智慧治理需要创新推动，通过制度创新、管理创新、模式创新等实现城市治理能力现代化。

④智慧产业发展离不开创新支撑。智慧产业作为数字经济的核心驱动力，正以前所未有的速度改变着我们的生产和生活方式。从科研前沿到产业应用，智慧产业的蓬勃发展不仅推动了技术的不断创新，更为全球经济的持续增长注入了新的活力。例如在制造业、教育、金融等领域，智慧产业推动了数字化转型，而技术创新是推动智慧产业持续发展的关键。通过技术创新、管理创新、制度创新等手段，智慧产业实现了产业智能化、高端化、高质量发展。智慧城市历经多年发展，我国在此领域已取得显著成就，但仍面临诸多挑战。为破解这些难题，须进一步强化创新驱动，利用新业态、新方式促进城市绿色低碳循环发展；同时，通过技术创新、制度创新、管理创新推动信息资源共享，并全方位提升城市创新能力，包括模式创新等方面。可以说，智慧城市建设面临的诸多难题都需要创新驱动。

2. 把握以创新驱动智慧城市建设的主攻方向

应着重于创新发展，将智慧城市建设的核心置于创新之上，借助科技创新、模式创新、制度创新、管理创新等多维度创新，催生新的增长动力，促使发展模式由要素驱动向创新驱动转型。

①科技创新在推动智慧城市建设中发挥着关键作用，主要体现在新一代信息技术如物联网、大数据、人工智能等在城市基础设施和服务中的深入应用。例如贵州省利用大数据和区块链技术，通过微信、服务小程序等工具，实现了市民生活的智慧化，提升了服务的精准度和居民的幸福感。比如，通过新一代信息技术作用于政府服务，推动智慧政务建设；作用于产业发展，推动智慧产业发展；作用于社会民生领域，推动智慧医疗、智慧教育、智慧养老、智慧社区等建设。

②着力以商业模式创新推动智慧城市建设。商业模式创新对智慧城市建设的推动力主要表现在新的商业模式在智慧城市中的运用，比如PPP模式、“PPP+基金”模式、“技术+地产”模式、企业合作模式在智慧城市建设中的运用。

③着力以制度创新推动智慧城市建设。制度创新在智慧城市建设中的推动力体现在建立与完善适合智慧城市建设的体制机制。例如北京亦庄通过建立人工智能数据训练基地和城市级云控平台，实现了数据的整合与分析，以及交通管理的智能化，这些创新成果展示了制度创新在打破信息壁垒、促进数据共享和提升城市治理效率等方面的显著作用。

④着力以管理创新推动智慧城市建设。管理创新对智慧城市建设的推动力主要表现在管理方式、管理模式的创新上，通过管理方式和管理模式的创新，建立国家、省、市三级城市操作系统构架，建设政府信息化系统，破除各级各部门的信息壁垒，推进国家治理体系和治理能力现代化，为智慧城市建设和发展营造良好环境。

（二）智慧城市建设的基本路径：协调发展

协调发展是智慧城市建设的基本要求，是推动智慧城市建设的主攻方向。智慧城市建设的目的就是要解决城市发展中的不平衡、不协调、不可持续等问题，实现整体功能优化。协调发展不仅是破解智慧城市建设城乡二元结构、推动城乡一体化的关键，更是促进人与自然和谐共生、实现智慧城市建设与绿色低碳发展协同并进、确保可持续发展的必由之路。

1. 实现人与社会、人与自然协调发展是智慧城市建设的基本要求

随着人们对智慧城市建设重视程度不断加深，我国智慧城市取得了长足发展，城市信息化水平不断提升、城市承载能力不断增强、智慧产业支撑能力不断提高、智慧民生得到较大改善。比如河南郑州，是我国最先启动智慧城市建设的城市之一，城市信息化水平也随着近几年的建设上升到较高水平，智慧产业也有了较大发展。

2. 客观把握以协调发展推动智慧城市建设实现突破

为加快智慧城市建设，实现人与社会、人与自然协调发展，我国诸多城市和地区在智慧城市协调发展方式上进行了有益尝试。在人与自然协调发展方面，北

京作为国际化大都市，通过完善法规、健全体系、推动供给侧结构性改革、积极开发可再生能源、强化市民环保意识等措施，取得了显著成效。这与“人与自然和谐共生”的理念相契合，正如党的二十大报告所强调的，北京在生态效率、绿化率、水资源优化、垃圾资源化利用水平、生物多样性等方面取得了显著进展。在人与社会协调发展方面，通过创新体制机制、创新服务模式、注重资源整合、鼓励市场参与等方式进行了探索，并在信息惠民上取得了突破。智慧城市建设的实践，如智能交通系统、智能能源管理、智能环保等项目，进一步推动了人与自然和谐共生理念在城市中的实现。

第三节　智慧城市的综合规划与建设

一、智慧城市总体规划建设

（一）智慧城市总体规划的要求

智慧城市建设始于“运营管理中心”的信息基础设施建设，围绕信息基础设施、智慧政务、智慧民生、智慧生态及智慧产业这五大核心任务展开，旨在彰显智慧城市建设的独特魅力和核心价值。

1. 建设城市级四大中心及公共信息平台

率先建设城市级“网络融合与安全中心”“大数据资源中心”“运营管理中心”和“公共信息一级平台”。运营管理中心是打通信息壁垒，实现信息互联互通和数据共享交换的信息基础设施。①

2. 建设智慧政务

智慧政务，根据智慧城市的特点和现状，以智慧政务大数据规划为重点，以实现智慧政府协同办公平台的网络互联、信息互通，以及人口、法人、经济、政务管理、公共服务等基础数据库的数据共享和交换。建设智慧城市智慧政务大平台，承载、管理与融合智慧城市内涉及行政、政务、民政等管理信息应用系统集

① 郭理桥．城市发展与智慧城市［J］．现代城市研究，2014（10）：2–6.

成，以实现综合信息资源、数据管理与民生服务高度统一为目标，推动智慧城市政务管理与服务创新，实现“智慧政务”与“智慧服务”的协同，为智慧城市提供更加方便、快捷、完善、优质的政务服务和公共服务。

3. 建设智慧民生

智慧城市建设顶层规划，以智慧民生为出发点和立足点，着重推进智慧城市、智慧社区、智慧医疗、智慧教育、智慧养老、智慧环境、智慧建筑、智慧停车、智慧商贸、智慧旅游等智慧民生项目的建设，实现城市级的智慧市民卡、智慧健康医疗、智慧教育、智慧安全、智慧交通、智慧应急等行业级信息平台的网络互联、信息互通和数据共享。建设完善的信息惠民和信息消费一体化的智慧民生服务体系，确保政务服务、公共服务、商业服务全面覆盖智慧城市内的社区、园区、家庭及广大公众。

4. 建设智慧生态

生态环境是智慧城市公众工作和生活的基本条件。智慧生态建设以智慧水务、智慧低碳、智慧能源等为重点，致力于实现与智慧城市级环境保护、海绵城市、绿色低碳、能耗监测、市政公用事业管理等行业级信息平台的有效网络互联、信息互通及数据共享。

5. 建设智慧产业

智慧产业是智慧城市经济发展的推动力，须构建智慧城市智慧产业链和生态产业环境，支撑智慧城市智慧企业、智慧产业的可持续发展。以“互联网+大数据+智慧产业”发展为导向，大力发展智慧科技、智慧商贸、智慧物流、智慧园区等智慧产业重要领域，实现智慧城市经济与企业转型创新和科学化可持续发展。

（二）智慧城市总体规划的编制

智慧城市总体规划是智慧城市建设的总纲领、总目标、总原则、总路线、总框架，是智慧城市实施的思路、方法与应用的指南和标准，涵盖需求分析、可行性研究、体系框架、重点任务、建设方案、计划安排、运营维护和经费预算等，并对智慧城市各实施项目的专项工程规划和工程设计起到指导、规范和约束的作用。

智慧城市总体规划编制内容主要回答、体现、描述智慧城市“做什么”“怎么做”和“如何做”。

第一，智慧城市“做什么”。从认识论观点出发，通过对涉及智慧城市五大建设目标和“六个一”核心要素，以及智慧城市评价指标的共性要求和本地区信息化应用的现状与发展目标，进行需求调研、需求分析、可行性研究，明确智慧城市建设目标（指标）和实施任务（成果）等内容。

第二，智慧城市“怎么做”。应用系统工程方法论的理论，根据智慧城市“做什么”的目标（指标）、实施任务（成果），进一步确定智慧城市系统工程建设的框架、体系、结构、平台、数据、系统、应用，搭建网络融合、信息互联、数据共享、业务协同的框架体系结构。确定智慧城市建设的总体框架体系结构，以及建设重点任务和专项工程。

第三，智慧城市“如何做”。应用实践论的理论，在考察、学习、借鉴具有智慧城市建设的实践、经验、知识的基础上，确定智慧城市建设的组织架构、阶段性实施任务和实施步骤、系统工程项目实施的阶段划分、各实施阶段和项目建设费用的估算、具体系统工程项目实施的方法和措施、实施的保障体系、验收成果的后评估，以及智慧城市建设平台系统的运行维护和建设成功经验及技术应用的推广与发展等。

（三）智慧城市总体规划的原则

1. 总体规划的基本原则

①推进国家治理体系和治理能力现代化。信息是国家治理的重要依据，要发挥其在这个进程中的重要作用，要以信息化推进国家治理体系和治理能力现代化。

②分级分类推进智慧城市建设，打通信息壁垒，构建全国信息资源共享体系，更好地使用信息化手段感知社会态势、畅通沟通渠道、辅助科学决策。

③加强信息基础设施建设，强化信息资源深度整合，打通经济社会发展的信息“大动脉”。

④以推行电子政务、建设智慧城市等为抓手，以数据集中和共享为途径，建设全国一体化的国家大数据中心，推进技术融合、业务融合、数据融合，实现跨层级、跨地域、跨系统、跨部门、跨业务的协同管理和服务。

2. 总体规划的应用原则

①以“信息栅格”技术应用为基本原则。信息栅格被称为第三代互联网技术，是当今全球网络化、信息化研究和应用的方向。中共中央网络安全和信息化委员会办公室在智慧城市“六个一”核心要素中提出构建一张天地一体化的城市信息栅格网。信息栅格是构建在互联网上的一组新兴技术，它将高速互联网、高速计算机、大型数据库、传感器、远程设备等融为一体，提供更多的资源、功能和交互性，信息栅格让人们更透明地使用网络、计算、存储等信息资源。

智慧城市信息栅格技术框架，基于 SOA 的资源集成框架，以“资源共享策略”和“资源集成架构”为核心。信息栅格包含多个组织、信息平台、应用系统及资源的动态集合，是提供灵活、安全、协同的资源共享的一种框架。信息栅格技术框架与传统分布式技术框架的根本区别在于资源与节点的关系。信息栅格技术框架是将资源与节点分离，而传统的分布式技术框架则是将资源与节点绑定在一起。利用信息栅格技术框架可以通过以资源为中心来实现更广泛的资源组织和管理，这在传统分布式技术框架中是很难做到的。

智慧城市信息栅格的元素遍布城市各行业、业务及应用，依托现有互联网和专用网络链路，实现系统单元（节点）间的互联，确保协同工作所需的通路与带宽，并制定统一的信息交互标准，保障各元素间信息交流的顺畅与准确。网络的互联及信息互通的规范是互操作的基础。

智慧城市信息栅格提供统一运行平台、接口标准及交互流程，实现不同系统间的信息互联互通、节点间自动互操作，确保整个系统内部信息的一致、整体与完整。

智慧城市信息栅格技术应用体现了分级分类集成的特点，改变了以往树形、集中式、分发式的信息共享方式，取而代之的是按级分布、网状互联、按类索取式的信息共享模式，在智慧城市信息栅格中不再强调集中式的信息中心，取而代之的是多中心（网络、数据、运行“运营管理中心”）和分布在城市中具有不同行业的多级专业信息中心（二级平台）。这些专业信息中心（二级平台）的访问接口是统一的，所提供的信息也都是经过严格规范的。一方面，传感器、过程数据及应用信息能够汇聚各类信息于专业信息中心（二级平台）；另一方面，任何栅格节点上的用户均可按需自动访问各类专业信息中心（二级平台），并将多方信息自动整合为针对特定目标或任务的虚拟化应用与服务。除了按需获取信息以外，还可以按需预订信息。

运用信息栅格技术，智慧城市内的所有信息系统得以大规模集成。集成范围的扩大直接促进了网络范围的拓宽，加之信息流量在网络中的有效分布，使得集成的规模得以无限扩展。同时信息栅格采用了动态集成技术，可以任意增加和删除节点，因而集成具有相当大的灵活性。智慧城市信息栅格所采用的分级分类集成的信息共享机制，克服了传统信息共享机制的不足和弱点。

②构建基于 SOA 的资源集成架构原则。框架体系结构技术是构成智慧城市开放性复杂巨系统工程的关键核心技术。它是智慧城市顶层规划的重要内容，它明确了智慧城市的总体框架、知识与建设体系、平台与数据结构，以及平台、数据库、应用系统的组成和相互关系，是系统工程设计与发展的指南和标准，它对智慧城市顶层规划、专项工程规划、工程设计和系统工程项目实施，具有指导性和规范及约束的作用。为了制定智慧城市总体框架、知识与建设体系、平台与数据库结构及相关领域的发展规划，我们必须大力推进智慧城市框架体系结构的开发与应用。

智慧城市框架体系结构理念、思路与策略，依托于信息栅格技术，构建以智慧城市网络融合与安全中心、大数据资源中心、运营管理中心和一、二级平台为核心的总体框架。该框架旨在实现智慧城市现代化科学的综合管理和便捷有效的民生服务，从而大力推动政府信息化、城市信息化、社会信息化、企业信息化。例如某区大数据资源平台（一期）建设，通过构建功能完备、安全可靠的大数据平台，推动区域数字化发展，实现数据的“聚、管、通、用、安”，并围绕“一舱一中心、两门户两体系和九平台”建设，预期可带来巨大的经济和社会效益。建立起智慧城市基础数据管理与存储中心、各级信息平台及各级数据库的智慧城市顶层规划模式。结合智慧城市规划、交通、道路、地下管网、环境、绿化、经济、人口、街道、社区、企业、金融、旅游、商业等各种数据形成一体化统一的云计算与云数据中心，建设智慧城市级的信息互联互通和数据共享交换的超级信息化系统，建立起智慧城市综合社会治理和公共服务要素的城市级一、二级平台专项工程和应用级三级平台及应用系统，如智慧政务、智慧城管、智慧社区、智慧应急、智慧民生、智慧产业等。

智慧城市基于 SOA 的资源集成架构融入智慧城市框架体系结构之中。智慧城市框架体系结构应满足分级分类，即多平台、多数据库和多重应用的开放性复杂巨系统规划的要求。特别体现在智慧城市整个框架体系结构规划中应满足网络互联、信息互通、数据共享、业务协同，同时遵循信息栅格统一规划、统一标准、统一开发、统一部署、统一应用的原则，将消除信息孤岛、打通信息壁垒和避免重复建设作为智慧城市项目实施的根本要求。

智慧城市基于 SOA 的资源集成具有以下特点：

第一，采用分级分类结构模式。智慧城市资源集成架构，采用分级集成的模式，从满足整体需求出发，根据系统建设的规划原则和技术路线，以 SOA 面向应用、面向服务、面向数据的系统架构设计方法做指导，重点是共享组件与中间层和平台层的设计创新。协同集成架构将以系统业务服务为核心，形成智慧城市系统集成架构中各层级之间的信息互联互通、各类型数据之间的共享交换、各行业业务之间共融共用的协同。

第二，统一框架结构易于扩展和部署。智慧城市资源集成架构采用统一组件结构，简化了应用服务的结构，避免了因为存在异构的应用服务可能导致的不易集成问题。采用统一的组件结构封装底层的应用服务，便于将来增加新的应用。采用统一开发的标准接口，易于高层应用服务通过标准接口调用底层应用服务，降低重复开发成本，保证新应用的兼容性和集成性。

第三，统一大数据易于利用。智慧城市资源集成架构基于公共信息一级平台和大数据库体系，以及二级平台专项工程及主题数据库的“信息栅格”节点式集成模式，为决策提供一体化的信息与数据的支撑，满足智慧城市社会与城市综合治理和民生服务的需求。

（四）智慧城市总体规划的阶段

智慧城市总体规划包括顶层规划、专项规划、工程设计三个阶段。三个阶段相互衔接，前一个阶段为下一个阶段设定规范与要求，而下一个阶段则是对上一个阶段的深化与延续，从而构成智慧城市总体规划体系。

新型智慧城市总体规划要处理好顶层规划与专项规划和工程设计的关系。须在顶层规划的框架体系指导下，确保规划与设计在各个方面实现紧密衔接。要把握好顶层规划与专项规划和工程设计之间的主次关系及各自阶段规划与设计的重点，应将新型智慧城市全局性的框架体系规划与设计置于核心地位，确保新型智慧城市总体规划的顶层规划、专项规划、工程设计三个阶段的相互衔接、相互促进、相得益彰。

智慧城市顶层规划内容包括智慧城市建设目标、原则、内容、任务、框架、体系、平台、系统等。通过顶层规划具体内容的描述和相互之间的关联性，自上而下地建立起相互间的框架模型和系统集成的体系架构。顶层规划须满足智慧城市纲领性和路线性的建设目标、原则、网络、平台、总体框架、工程实施计划等。

专项规划编制的核心聚焦于行业级二级平台的架构设计、技术应用范畴、功能实现、信息交互与数据共享机制，以及网络与信息安全保障，同时涵盖应用系统工程设计的标准化要求与规范。在专项规划的基础上，进行应用系统工程设计。工程设计须提供系统工程建设所需系统结构原理图、管线施工平面图和系统设备配置设计等，满足工程实施要求。

1. 智慧城市顶层规划阶段

智慧城市顶层规划是本城市、本地区智慧城市建设的总纲领、总路线、总目标、总原则和总框架。顶层规划是智慧城市建设的蓝图和标准，对后续的专项规划和工程设计起到指导性、规范性和约束性的作用。

智慧城市顶层规划包括三个步骤，即需求分析、可行性研究、顶层规划方案编制。

顶层规划需求分析包括建设目标、知识体系、建设体系、实施计划、组织结构、技术应用、实现成果等要素的需求分析，提供《智慧城市需求分析报告》。

顶层规划可行性研究包括技术可行性、操作可行性、经济可行性、效益与风险评估等内容的研究和评估，提供《智慧城市建设可行性分析研究报告》。

顶层规划方案编制的重点是智慧城市建设指标和成果评估体系总体业务架构、总体逻辑架构和总体接口架构、知识和建设体系、大平台体系、大数据体系、信息资源共享体系、工程实施组织体系等。

顶层规划应为总体规划后续的专项规划和工程设计提供指导、规范和约束，实现顶层规划、专项规划、工程设计的衔接性、一致性和整体性。

2. 智慧城市专项规划阶段

智慧城市专项规划是顶层规划的延伸和深化，应遵循和对接《顶层规划方案》在目标、原则、内容、任务、框架、体系、平台、系统上的完整性、一致性和可实施性的原则。专项规划编制的内容主要是各专项业务二级平台的建设目标、建设原则、应用分类、技术分类、信息平台规划、应用系统工程设计规范要求等。智慧城市专项规划的重点是专项业务信息平台的总体结构、平台支撑系统、平台技术应用、平台实现功能、平台信息互联互通与数据共享交换、平台网络及信息安全等。专项规划提交规划成果包括专项业务二级平台建设目标、建设原则、应用分类、技术分类、信息平台规划、应用系统工程设计规范要求等，以及专项信息平台系统结构图、平台功能结构图、数据与信息结构图、数据与信息流向图等。

3. 智慧城市工程设计阶段

智慧城市工程设计是专项规划的延伸和深化，工程设计应在对接《智慧城市专项规划》的基础上，进行专项工程设计的工作。专项工程设计的深度应满足本专项系统工程建设所有要素的实施要求，并以满足行业管理和业务服务的功能需求为工程设计目标。工程设计巧妙地将业务级三级平台中相互关联而又独立的应用系统、功能模块及装置（部件）进行整合与集成，依据特定的逻辑顺序和内在联系，构建出一个功能完备的应用系统。

智慧城市工程设计以实现应用系统、信息、功能、应用的功能需求为目标。应用系统工程设计的核心在于系统集成，同时，它高度重视设计的先进性、合理性、经济性以及可靠性、可扩展性和实际可实施性。工程设计提交成果包括技术应用和实现功能技术方案、网络综合和各应用系统的结构原理图、系统工程施工图、软硬件配置及工程量清单、系统集成商及设备选型推荐一览表等。

二、智慧城市架构规划建设

（一）智慧城市业务架构

智慧城市建设遵循“分级分类推进新型智慧城市建设，打通信息壁垒，构建全国信息资源共享体系”的指示和要求，通过分级分类的大平台、大数据、大网络的总体结构支撑智慧政府智慧治理、智慧民生、智慧产业的可持续建设和发展。智慧城市一体化整合业务平台在智慧城市治理与服务运行中的作用至关重要，即通过智慧城市各级信息平台的互联、集成、共享及应用，实现科学合理的深度综合开发，并高效集成应用智慧城市的信息资源。

1. 城市级一级业务架构

城市级一级业务架构或称城市级公共信息平台，是智慧城市最顶层的信息交互和数据共享的平台，由政府信息和城市治理信息、社会民生信息、企业经济信息的各行业级二级架构组成。其能够实现城市级一级业务架构与各行业级二级业务架构和三级业务架构之间的信息互联互通和数据共享，促进智慧城市信息资源的开发与利用，从而避免在城市范围内政府各部门之间，以及政府与社会、企业、公众之间形成信息孤岛，造成网络融合、信息交互、数据共享、业务协同各方面的障碍和瓶颈以及信息资源的浪费。

2. 行业级二级业务架构

行业级二级业务架构，分别由政府信息化、城市治理信息化、社会民生信息化、企业经济信息化各业务信息平台及应用级应用平台（系统）组成。各行业级二级业务架构通过信息、系统网络集成和通信协议接口，实现与城市级一级业务架构的信息互联互通和数据共享交换。行业级二级业务架构全面整合应用级三级业务架构（系统）的信息与数据，实现其汇集、存储、交互、优化、发布，并支持浏览、显示、操作、查询、下载及打印等多种功能。

3. 应用级三级业务架构

应用级三级业务（系统）架构是各行业级二级业务架构信息管理、应用和功能的底层平台，提供所属各应用系统在执行任务和实现功能过程中所需的信息和数据。

智慧城市运用信息栅格开放的体系架构，采用以平台为中心的分级分类的总体结构，以城市级一级业务架构为核心，形成与行业级二级业务架构、应用级三级业务架构的分级和政府政务、城市社会治理、社会民生、企业经济分类的数据与信息紧密相连的智慧化信息应用的整体，全面提升智慧城市高效、互联、共享、协同管理与服务的能力。智慧城市大平台的分级分类架构体系，可以有效消除信息孤岛、打通信息壁垒和避免重复建设，大大降低投资成本和缩短智慧城市建设周期。智慧城市三级业务架构，完美体现了智慧城市信息化与智能化建设的蓝图。

（二）智慧城市数据架构

智慧城市大数据资源的开发和综合应用已经成为智慧城市规划与建设的核心需求。智慧城市大数据源自政府政务、城市治理、社会民生及企业经济等领域的管理、服务、生活及生产运行中产生的海量数据，这些数据经过采集、清洗、抽取、汇集、挖掘及分析，转化为富含经验、知识、智能及价值的数据和信息。智慧城市大数据具有全局性、战略性、决策性的特点。智慧城市共享交换大数据平台构建了政务数据共享交换体系和数据服务框架，实现了政务数据资源的高效采集与有效整合，推动了政务数据共享开放及社会大数据融合应用的突破性进展，从而形成了数据支撑下的治理能力，显著提升了宏观调控、市场监管、社会治理及公共服务的精准度和有效性。智慧城市共享交换大数据运用信息栅格开放的体系架构，以“智慧城市大数据资源共享交换平台”为中心的分级分类的总体结构，以城市级一级大数据为核心，形成与行业级二级主题数据库、应用级三级数据库的分级和政府政务、城市社会治理、社会民生、企业经济的政务数据资源与社会数据资源的分类数据与信息紧密相连的一体化大数据开发应用的整体。

（三）智慧城市网络架构

智慧城市安全可控大网络的构建，需要遵循新型智慧城市“六个一”核心要素，特别是其中关于构建共性基础“一张网”的要求。新型智慧城市“网络融合与安全中心”的建立，是实现政府各部门之间办公协同，以及政府与社会、企业、公众之间信息的互通和数据资源共享的网络融合与统一集中的安全防护体系。所有非电子政务涉密内网运行的业务系统、政务公开信息及数据，以及与社会民生相关的行业应用，均应通过“网络融合与安全中心”实现互联、数据交换与共享，同时为互联网公众提供政务和公共信息的发布、展示和应用服务。

在智慧城市中，安全可控的大网络通过统一网管平台实现对不同厂家和类型的传输、业务应用设备的统一管理。该网络在内外网之间构建单向传输光闸进行物理隔离，确保了数据传输的安全性。此外，它还涵盖了业务管理、安全管理、路由管理、配置管理、物联网管理、流量管理、故障管理、运维管理等关键领域，实现了网络融合与自动化监测，以及高度的网络互联与集成。

智慧城市安全可控大网络满足《政务云安全要求》的规范和要求，按照国家第三级等级保护的要求进行建设。其部署了包括万兆自免疫防火墙、单向光网闸物理隔离技术、万兆入侵检测系统（IDS）、全面安全扫描机制、互联网接入口监控、账号集中管理系统与安全审计平台、数据库审计与运维管理平台、数字证书认证体系及统一身份认证服务、智能安全运营中心（SOC）、虚拟化Web应用防火墙（WAF）、大数据安全综合管理平台以及万兆防病毒网关等一系列安全措施，构建全方位立体化、多手段多技术的信息与网络安全防护体系。

（四）智慧城市系统集成架构

智慧城市规划和建设的过程就是建立信息互联互通、数据共享交换、业务功能协同的过程。智慧城市大数据、大平台、大网络、大系统是智慧城市信息化建设的一个整体。大数据是大平台的信息源和提供有价值知识数据的支撑，大平台提供大数据的加工、处理、应用、展现与共享的环境，大网络是信息与数据传输的通道和安全保障，大系统是信息互联互通和数据共享交换的基础设施。智慧城市大系统结构体现了数据、信息、网络相互之间的物理与逻辑互联互通的关系和应用及功能协同的关系。以跨部门、跨地区协同治理为智慧城市建设的核心，集成系统通过大数据共享和综合调控，实现执政能力、民主法治、市场监管、公共服务、公共安全等领域的协同治理，形成新的治理格局。例如：深圳智慧交通系统通过大数据和物联网技术，有效缓解了交通拥堵，提高了通行效率；上海智慧医疗体系利用先进技术优化了医疗资源配置，提升了服务质量和效率。

（五）智慧城市应用架构

智慧城市应用架构采用统一组件（封装）结构，简化了应用的结构，避免了因为存在不同的应用结构可能导致的不易集成。采用统一组件结构，使得将来容易增加新的应用。统一开发新应用，可以降低开发成本，保证应用的兼容性和集成性。智慧城市应用架构的规划着重于标准化、平台化及组件化。总体业务结构主要反映系统的业务功能结构，描述一、二级业务平台中主要业务系统平台间的相互作用关系。智慧城市总体业务结构共分为三大部分：智慧城市城区级应用、智慧城市一级业务应用、智慧城市二级业务应用。

第一，智慧城市城区级应用。智慧城市城区级应用门户具备信息发布和信息交换等功能，同时将管理平台业务应用系统整合至统一的管理网站。

第二，智慧城市一级业务应用。智慧城市信息采集共享一级业务平台涵盖了信息与系统集成、统一数据管理、统一认证服务、数据交换分析、管理以及数据加工等多个业务应用，这些应用共同构成了用户执行具体业务操作的基础支撑。

第三，智慧城市二级业务应用。智慧城市二级业务平台业务应用由数据的来源系统和未来可能进行数据交换的系统构成，包括城市综合管理平台、应急指挥平台和电子政务应用平台等。

（六）智慧城市逻辑架构

智慧城市总体逻辑架构描述应用系统的组成结构，反映了满足应用系统业务和系统需要的软件系统结构，明确了应用系统的基本构成及功能。

第一，数据库系统。智慧城市一级业务平台数据资源主要来源于行业级二级业务平台业务应用系统和其他业务系统的数据交换，包括数据整理数据库、业务数据库、数据交换数据库等。

第二，数据交换平台。数据交换平台依托 EBS 技术，实现了与智慧城市行业级二级业务平台以及其他相关应用系统之间的数据交换接口管理，并完成了数据交换的具体实施。

第三，智慧城市一级平台业务应用。智慧城市一级平台业务应用进行相应的业务操作和业务管理，并进行数据分析和数据抽取。

第四，总体逻辑架构优势。智慧城市一级平台采用基于浏览器门户、应用服务器和数据库的三层架构，这种架构模式现已广泛被业界采纳为开发应用系统的主流方案。在这种架构模式下，整个系统的资源分配、业务逻辑组件的部署和动态加载、数据库操作等工作均集中于中间层的应用服务器上，能够实现系统的快速部署，降低管理成本。

在面向服务的体系结构中，总体逻辑架构提供了实现的透明性，并将基础设施和现实发生的改变所带来的影响降到最低限度。通过制定适用于由各类不同应用系统所构建的信息与数据资源的服务标准，使得集成过程的管理更为简便。

三、智慧城市体系规划建设

（一）智慧城市标准体系

智慧城市建设总体设计是智慧城市建设的起始点，是智慧城市建设思路、策略和实施行动的总路线。智慧城市总体设计引用文件和系列标准则是智慧城市总体设计的“顶”，是智慧城市科学化、集约化、可持续建设的基础。没有智慧城市系列标准体系的指导、规范和约束，就不可能编制一个科学的、可行的和可持续发展的智慧城市总体设计方案。

智慧城市建设是一个复杂巨系统工程，所涵盖的范围之大、体系之复杂、系统类型之多、应用及功能之广，不是一般管理信息系统（MIS）可以比拟的。建立智慧城市标准体系，旨在从标准化视角明确智慧城市管理与服务的信息架构、分类集成方式，以及信息平台和应用系统的信息属性、边界界定、接口规范及应用导向。以往智慧城市建设失败的教训，多源于缺乏智慧城市标准体系的指导和规范，未从顶层高度考虑信息互联互通和数据共享交换这一根本原则，且未能从信息集成、系统集成、软件集成、应用集成等实际需求出发，忽视了智慧城市标准体系规划这一基础且关键的工作。

如果没有科学的和全面的智慧城市标准体系规划，将会导致智慧城市各领域、各行业、各业务、各应用信息平台及应用系统在整个信息体系中的逻辑位置和相互之间信息需求的不明确，信息平台与应用系统的边界不清晰，各信息平台与应用系统在系统及信息集成时的通信接口方式不确定。这也是为什么一些智慧城市建立了那么多的信息孤岛，业务应用功能重复叠加，这不但影响了信息资源的合理利用，也造成了智慧城市建设成本大大增加以及城市可用信息资源的浪费。①

智慧城市标准体系可借鉴深圳市发布的全国首部地方团体标准——《智慧城市系列标准》，该标准已在多个省市的智慧城市项目中得到推广，并在智慧城市建设中起到了示范作用。《智慧城市系列标准》由四级四类标准构成，这四类标准之间存在相互之间的关联性、信息与数据接口的一致性、技术应用的统一性、应用与功能的协同性。

第一级：指导类标准。由“指南”等组成，对智慧城市行业信息化建设和总体设计具有指导性的作用。

第二级：规范类标准。由“实施规范”“规划导则”等组成，对智慧城市行业或业务平台规划与设计具有规范性和约束性的作用。

---

① 李林. 智慧城市大数据与人工智能［M］. 南京：东南大学出版社，2020.

第三级：应用类标准。由“设计规范”“应用导则”等组成，对智慧城市业务信息化应用系统的工程设计具有规范性和约束性的作用。

第四级：技术类标准。由“技术标准”“技术要求”等组成，是对智慧城市应用系统的产品选型提供标准化和技术要求的规范。

（二）智慧城市信息与数据体系

随着智慧城市信息化的深入推进，信息资源规划在智慧城市运行中的作用日益重要，信息资源的深度开发和综合利用已经成为智慧城市建设的核心内容。信息管理的过程已经经历了传统管理时期、技术管理时期、信息资源管理时期，现在正逐渐向网络信息资源管理即大数据的阶段演进。这种演进和发展势必给信息管理工作模式和服务模式带来巨大的变化。对智慧城市的信息资源进行统筹规划，有助于构建大数据应用生态，进一步推动信息资源的深度挖掘与高效利用。

信息体系可建立政府各部门、各行业、各业务、各应用之间信息互联互通、数据共享、业务协同的长效机制，打破部门壁垒造成的信息孤岛，为智慧城市大平台和大数据建设提供了基础。制定信息管理准则，旨在为政府各部门、各行业业务应用系统数据及未来共享的大数据，提供包括元数据管理、数据质量管控、主数据管理、数据生命周期管理及数据安全保障等在内的全方位管理。

信息体系的建设是智慧城市建设规划的重要内容。为了避免在智慧城市建设中信息孤岛的产生，必须建立信息资源管理基础标准。信息资源规划过程就是开始建立数据标准的过程，从而为整合信息资源、实现应用系统集成奠定坚实的基础；同时，信息体系规划也是智慧城市云计算和大数据中心建设的基础。信息资源规划成果主要包括信息模型（功能模型、数据模型、架构模型）和数据标准体系（概念数据模型、逻辑数据模型、数据元素、信息分类编码、用户视图），能够在实施云计算中心之前，为云计算模式下的城市信息化勾勒出清晰的蓝图，并构建一套确保云计算软件系统间实现高效集成、标准化和一体化的数据标准体系，提供信息平台与数据系统之间相应关系的模型，很好地补齐当前智慧城市建设缺乏解决信息孤岛手段的短板。

信息体系框架可以根据智慧城市一级、二级业务平台，三级应用系统与大数据库、主题数据库、应用数据库架构，来组织信息资源支撑智慧城市决策、协同、应用的信息体系。基于此，信息资源被细分为战略信息、战术信息及业务应用信息，与信息互联互通和数据共享“分级集成”的理念相契合。实质上就是通过一、二级平台和三级应用平台（系统）实现在决策、管理、应用不同层级横向系统的信息集成与数据共享交换。

对所涉及的所有管理与服务信息进行分级分类、汇总和集成，是智慧城市规划与建设的重要内容和要求。智慧城市建设的实质是建成一个支撑现代城市运营、管理、服务的超大型信息系统，涵盖政府信息化、城市信息化、社会信息化及企业信息化等多个领域的信息平台、行业管理平台及业务应用系统，涉及种类繁多的信息和数据。涉及的这些不同的领域和行业主要是政府职能、城市治理、社会服务、企业经济。从公共信息互联互通和数据共享的角度，信息分类涉及政府管理与政务、城市监控与管理、社会政务服务、公共服务、商业服务、企业管理、生产、市场、财务、人事等信息；从城市治理与公共服务的需求出发，信息与数据流向有纵向、横向，甚至斜向。要实现这些错综复杂、功能各异的信息系统分类、汇总和集成，首先必须制定相应的信息分类原则和方法。

（三）智慧城市管理与运行体系

城市作为复杂的组织体，承载着政府管理、城市治理、社会民生及企业经济等多方面的复杂功能和业务需求。城市需要一个有序且有效的城市治理与公共服务体系，实现城市复杂功能和业务之间跨领域、跨部门、跨业务平台的协同。智慧城市通过集成大数据、云计算和人工智能等前沿技术，不仅能够有效提高城市日常运营效率，还能确保及时处理突发事件，如西安浐灞国际港城市管理和综合执法局利用智慧城管平台快速响应并处理欧亚大道与灞河东路交叉口附近的人行道塌陷事件。

管理与公共服务是智慧城市建设的重要内容。为了满足智慧城市现代化管理和公共服务的需求，智慧城市管理与公共服务体系涉及所有相关政府部门和机构，它们根据各自的职责分工，确定在城市治理与公共服务中的角色。通过梳理城市治理的业务流程和信息，构建统一的数据库和应用平台，智慧城市体系能够进一步规划和完善信息系统建设，从而实现管理与运行的数字化、信息化和智能化。例如：智能交通系统通过大数据和物联网技术，实现了交通流量的实时监控和优化，有效缓解了交通拥堵；智慧医疗体系通过引入先进技术，优化了医疗资源配置，提高了医疗服务效率；智慧城管系统则通过 AI 技术实现了城市管理的实时监控与智能识别，提升了城市治理的精细化水平。

在智慧城市电子政务平台的建设中，管理与公共服务应充分利用已有的信息基础设施、数据库、数据交换平台、应用支撑平台、视频监控系统和公共视频会议系统，实现信息互联、数据共享和业务协同。这些平台和系统构成了智慧城市管理与公共服务的基础，而智慧城市电子政务平台的建设则须在智慧城市总体设计框架下进行，以实现管理与服务的智能化和高效化。因此，必然要考虑设计科学合理的管理和公共服务的流程，这些流程在覆盖性、有效性、时效性以及安全性上都需要进行细致的分析和论证。

智慧城市建设以城市治理创新和社会民生为出发点和立足点，通过管理体制创新和服务模式转变，如智慧城管系统的实施，提升城市综合服务能力。例如南阳宛城区通过“智慧城管”系统推出“1234”工作法，实现了城市管理的高效响应和问题的迅速整改，提升了市民的满意度。西安浐灞国际港城市管理和综合执法局利用智慧城管平台，通过大数据、云计算和人工智能技术，提升了城市管理的整体效能，确保了快速有效地解决市民问题。柳州市城市管理局通过智慧城管建设，实现了环卫、执法等领域的智能升级，提高了城市管理能力和执法水平。智慧城市管理与公共服务体系，实质是通过对现有管理与公共服务流程的梳理和优化，以适应智慧城市治理与公共服务复杂功能和业务之间跨领域、跨部门、跨业务平台协同的新需求。智慧城市管理创新旨在通过应用现代技术手段，构建统一的城市综合管理平台，深度挖掘并充分利用信息资源，进而实现城市管理的科学化、严格化、精细化和长效化，塑造一种新型的城市现代化管理模式。

（四）智慧城市产业体系

智慧城市产业体系，以智慧建设目标和“互联网+”的产业发展为基础，结合新技术、新产业、新业态、新模式的发展趋势，基于城市产业基础，提出城市智慧产业发展目标，规划产业生态体系。在智慧民生产业、智慧服务产业以及智慧园区产业等“互联网+智慧产业”领域，采用了与智慧城市建设紧密结合的创新性、融合性、引领性、集聚性、信息化、互联化和现代化的建设模式。

智慧城市产业体系，以生态优先为前提，科学处理保护与开发的关系，以科技创新为原则，运用全球领先的生态规划、低碳环保、智慧园区、智慧建筑等关键科技，以“互联网+电子商务”和“互联网+高端物流产业”发展为导向，以国际化的规划视野和前瞻性的发展理念，高起点规划、高标准建设智慧产业园区。

智慧城市产业体系，以建立智慧产业基础数据库为基础，实现与智慧产业各新型产业业务主题数据库中的管理数据、企业生产数据、经验数据的汇集、共享、交换，为智慧产业大数据提供应用环境。智慧产业基础数据库为数据挖掘、分析、应用、展现及共享提供了全面的环境。智慧城市智慧产业基础数据库由智慧民生产业主题数据库、智慧服务产业主题数据库、智慧商务与物流产业主题数据库和智慧园区产业主题数据库组成。智慧产业基础数据库整合企业经济活动中涉及管理、生产、制造、商务、物流的海量、冗余、无关联数据，通过采集、清洗、抽取、汇总、挖掘与分析，提炼出富含经验、知识、智能与价值的数据和信息，从而全面支撑智慧产业的大数据应用。

智慧民生与服务是智慧城市建设的细分产业领域。智慧民生产业是智慧产业的新应用，引导传统民生服务企业与智慧城市涉及智慧市民卡、智慧社区、智慧医疗健康、智慧养老、智慧旅游、智慧电子商务与物流等企业的资源整合，支撑民生服务链协同转型和生产制造企业面向个性化，根据民生消费需求深化电子商务应用。鼓励设备制造企业积极利用电子商务平台拓展民生服务领域，同时助力中小微企业增强在民生服务和电子商务市场化、现代化服务方面的应用与拓展。智慧服务产业是智慧产业的创新应用，应构建智慧城市政务服务、公共服务、商业服务的信息与数据共享互通的体系；发挥互联网信息集聚优势，聚合各类服务信息资源，整合骨干服务型企业和政府服务机构搭建面向社会的综合服务平台和综合服务大数据基础数据库；整合电子商务、现代物流、仓储、运输及配送等多方面的信息资源，实施综合服务的全程监测与预警机制，从而提升综合服务的安全性、环保性及诚信度，统筹优化社会综合服务资源的配置。

第二章　智能建筑的发展及功能

随着城市化进程加快与科技革新，建筑行业正经历深刻变革。传统建筑在能效、管理等方面逐渐难以满足现代城市发展需求，智能建筑应运而生。智能建筑融合信息技术、自动化技术等，成为建筑领域发展新方向。本章将系统阐述智能建筑相关概念、发展阶段、特征类型、系统组成与功能，并探讨建筑设计中智慧城市理念的渗透，为智能建筑发展提供理论支撑。

第一节　智能建筑的相关概念及发展阶段

一、智能建筑的相关概念

（一）智能建筑的核心

智能建筑的核心在于其智能化系统，该系统能够收集、处理和分析来自建筑内部的各种数据，包括温度、湿度、光照、能源消耗等。通过这些数据，智能建筑能够实现对空调、照明、电梯等关键设施的自动调节，以适应不同的使用需求和环境变化。例如智能照明系统可以根据室内外光线的变化自动调节室内照明的亮度，既节省能源，又能保证室内光线适宜。智能建筑的发展促进了建筑行业的创新。随着技术的进步，智能建筑的概念和实践不断演进，催生了新材料、新工艺以及全新设计理念的问世。这些创新不仅提高了建筑的性能，也丰富了建筑设计的多样性。

智能建筑预示着建筑行业未来的发展趋势，它通过智能化的管理和控制，实现了能源效率的提升、环境舒适度的改善和安全性的增强。随着技术的不断进步和应用的普及，智能建筑将在未来的城市建设中发挥越来越重要的作用。

（二）智能建筑与传统建筑的区别

智能建筑与传统建筑在设计理念、系统构成、运营管理等方面存在显著差异。智能建筑以集成化的高科技应用为特征，旨在通过智能化系统实现建筑的高效能源管理、优化室内环境以及提升使用便捷性。相比之下，传统建筑往往依赖于非自动化的管理和较为简单的设施配置。

第一，在设计理念上，智能建筑强调系统的集成与协同，利用先进的传感器、执行器以及控制算法，实现对建筑内部环境的实时监控与调节。这种设计理念促进了建筑内部各系统之间的信息流通和功能互补，从而提高了建筑的整体性能和居住者的舒适度。而传统建筑则更多侧重于建筑的物理结构和基本功能，对于环境的控制和能源的管理往往依赖于人工操作。

第二，在系统构成方面，智能建筑配备了智能照明系统、能源管理系统、安全监控系统和自动化控制系统等多种智能化系统。这些系统能够依据环境变化和用户需求灵活调整，进而实现能源的有效节约和效率显著提升。例如智能照明系统能够根据室内外光线的变化自动调节亮度，而智能建筑能源管理系统作为建筑能源管理的重要组成部分，能够实时监控建筑内的能源消耗情况，并通过数据分析和智能调控实现能源使用的精细化管理，优化调度以提高能源利用效率。传统建筑则通常不具备这些智能化系统，其设施配置相对简单，对于环境的控制和能源的管理效率较低。

第三，在运营管理上，智能建筑通过智能化的运维管理平台，实现了对建筑设施的远程监控和故障预警，极大地提高了运维的效率和可靠性。这种智能化的运营管理方式不仅大幅降低了人力资源投入，还凭借预测性维护有效减少了突发故障的风险。相比之下，传统建筑的运营管理往往依赖于现场人员的定期检查和维护，对于潜在问题的发现和处理不够及时。

智能建筑与传统建筑在多方面存在显著的区别，这些区别不仅体现在技术层面，更在于它们对于建筑使用方式和居住体验的革新。随着智能技术的不断进步和应用的普及，智能建筑将在未来的城市发展中扮演越来越重要的角色。

二、智能建筑发展阶段

智能建筑是指使用智能的自动化系统及信息化技术，使建筑能够高效、智能、数字化地进行管理及运行。① 作为现代科技与现代建筑艺术完美结合的典范，智能建筑的发展，见证了自动化控制技术从萌芽到成熟的演变过程。这一过程不仅推动了建筑行业的革新，也为人类生活带来了前所未有的便捷与舒适。智能建筑发展主要包括以下六个阶段。

（一）单功能系统阶段

在智能建筑发展的早期阶段（1980~1985 年），即单功能系统阶段，自动化技术在建筑领域的应用主要集中于独立的子系统。这些子系统包括闭路电视监控、停车场收费系统、消防监控及空调设备监控等，它们在功能上相对单一，彼此之间缺乏有效的联动和协调。这些早期的自动化尝试，虽然功能相对单一，但标志着智能建筑概念的初步形成，为后续的技术进步与系统集成打下了坚实基础。在这一时期，闭路电视监控系统主要用于安全监控，通过实时视频传输，提高了建筑的安全性。停车场收费系统则通过自动化的收费和车辆管理，提升了停车场的运营效率。消防监控系统能够实时监测建筑内的火警情况，及时发出警报，保障人员和财产的安全。空调设备监控系统则通过自动调节室内温度和湿度，提高了建筑的舒适度和能源效率。

（二）多功能系统阶段

在多功能系统阶段（1986~1990 年），技术的飞速发展推动了多个子系统的高效集成，进而实现了更高水平的自动化与智能化。综合保安系统、建筑设备自控系统、火灾报警系统以及有线通信系统的出现，不仅提升了建筑的安全性，也极大提高了管理效率。

综合保安系统通过集成视频监控、门禁控制和入侵检测等功能，为建筑提供了全面的安全保障。建筑设备自控系统则通过集中控制建筑内的照明、空调、电梯等设备，实现了能源的优化管理和设备的高效运行。火灾报警系统与消防设备自控系统的联动，使得在火灾发生时能够迅速启动灭火设备，有效控制火势蔓延，减少人员伤亡和财产损失。这一阶段的智能建筑系统设计更加注重系统的互联互通和信息共享。通过构建统一的数据平台和通信协议，不同系统之间能够实现数据的无缝对接和功能的协同工作。这种高度集成的设计理念，不仅显著提升

---

① 徐亚伟. 智能化技术在智能建筑中的应用［J］. 智能城市，2024，10（4）：96.

了系统的运行效率，也为未来智能化升级奠定了坚实的基础。

此外，多功能系统阶段的智能建筑开始引入先进的传感器技术和人工智能算法，使得系统能够更加智能地响应环境变化和用户需求。例如通过环境传感器收集的数据，建筑设备自控系统能够自动调节室内的温湿度，为用户营造一个更为舒适的室内环境。同时，通过分析历史数据和用户行为，系统能够预测设备故障和能源消耗，实现预防性维护和能源管理。

在多功能系统阶段，智能建筑的设计理念也发生了变化，设计师开始更加重视建筑的可持续性和用户的体验。通过集成智能系统，建筑不仅能够提供安全、舒适的居住和工作环境，还能够实现能源的节约和环境的保护。这种以人为本的设计理念，为智能建筑的未来发展指明了方向。

（三）集成系统阶段

在集成系统阶段（1991~1995 年），建筑设备综合管理系统、办公自动化系统以及通信网络系统等核心系统实现了初步的整合，形成了更为紧密的系统集成。这种整合不仅优化了系统的运行效率，还降低了维护成本，提升了智能建筑的管理便捷性和效率。

建筑设备综合管理系统通过集成建筑内的照明、空调、电梯、安全监控等设备，实现了对设备的统一集中控制和高效监控。这种集中化的管理方式，使得设备运行更加高效，能源消耗更加合理，同时也便于进行设备的维护和升级。办公自动化系统则通过集成办公设备、软件应用和通信工具，提高了办公效率和信息处理能力，为工作人员提供了更加便捷的工作环境。通信网络系统的集成则为智能建筑提供了强大的信息传输和处理能力。随着计算机网络技术的快速发展，智能建筑开始实现数据的高速传输和实时处理，为建筑内的各个系统提供了稳定的通信基础。这种信息化管理能力的提升，为智能建筑的进一步智能化和自动化奠定了坚实的基础。

在集成系统阶段，智能建筑的设计理念进一步向集成化和模块化发展。设计师和工程师开始更加注重系统的兼容性和可扩展性，以适应未来技术的发展和用户需求的变化。通过采用模块化的设计理念，智能建筑能够更加灵活地进行系统的升级和扩展，以满足不断变化的需求。

此外，集成系统阶段的智能建筑开始引入更加先进的信息技术，如物联网、云计算和大数据分析等。这些技术的应用，使得智能建筑能够实现更加精细化和智能化的管理。例如：通过物联网技术，建筑内的各个设备能够实现互联互通，实时收集和传输数据；通过云计算技术，建筑的数据能够存储在云端，实现远程访问和处理；通过大数据分析技术，建筑的运行数据能够被深入分析，以优化系统的运行和提高能源效率。

（四）智能管理系统阶段

在智能管理系统阶段（1996~2000 年），智能建筑的管理系统以计算机网络技术为核心，实现了系统化、集成化与智能化管理的深度融合。此阶段的系统不再局限于单一功能或独立操作，而是通过高度集成的平台，实现了安防、消防、照明、环境控制等多个系统的统一监控和管理。

智能管理系统的集成化特性促进了建筑内部各子系统间的协同作业，实现了资源的高效分配，从而提升了能效管理水平。例如环境控制系统能够根据室内外环境变化自动调节室内温度和湿度，而照明系统则可以根据自然光线的强度和人员活动自动调节亮度，实现节能。安防系统与消防系统的集成，则能够在紧急情况下快速响应，保障人员安全。

此外，智能管理系统的智能化水平显著提升，系统能够基于对用户行为模式和偏好的学习，智能调整运行参数，为用户提供个性化的服务体验。这种智能化的用户体验，不仅提高了用户的舒适度，也增强了用户对智能建筑的满意度。智能管理系统的实施，还促进了建筑管理的自动化和远程化。管理人员可以通过网络远程监控建筑的运行状态，及时处理各种突发事件，提高了管理的效率和响应速度。同时，系统的数据分析和处理能力也得到了加强，通过对海量运行数据的深度分析，系统能够精准预测设备故障，从而提前采取维护措施，有效减少停机时间，进一步延长设备的使用寿命。

在智能管理系统阶段，智能建筑的设计理念进一步向用户需求和环境可持续性倾斜。系统的设计更加注重用户的互动体验和个性化需求，同时，通过智能化管理，建筑的能源消耗得到了有效控制，减少了对环境的影响。智能建筑智能管理系统阶段的发展，不仅彰显了技术的飞速进步，也深刻体现了智能建筑领域对用户体验的高度关注以及对环境责任的积极承担。随着技术的不断革新，智能建筑的管理系统将更加智能化、个性化，为用户提供更加安全、舒适、节能的生活和工作环境。

（五）建筑智能化环境集成阶段

在建筑智能化环境集成阶段（2001~2018年），建筑的智能化不再局限于单一的系统或功能，而是通过集成多种智能化系统，实现了建筑环境的全面智能化。这一阶段的智能建筑，以计算机网络技术为核心，将安防、消防、照明、环境控制等系统进行高度集成，形成了统一的智能管理系统。

集成化的智能管理系统，通过统一的平台对建筑内的各个子系统进行监控和管理，不仅提升了建筑的智能化水平，还极大地提高了管理效率和用户的舒适度。例如智能照明系统能够根据室内外光线的变化自动调节亮度，智能空调系统则能够根据室内外温度和人员活动情况自动调节室内温度，从而实现能源的节约和环境的调节。

此外，随着物联网、云计算等新兴技术的发展，智能建筑开始具备更强的数据处理和决策能力。这些技术的应用，使得建筑能够实时收集和分析大量数据，为用户提供更加个性化和智能化的服务。例如智能家居系统能够学习用户的行为模式，自动调整家庭设备的运行状态，以适应用户的需求。

随着科技的飞速发展，智慧建筑已成为推动城市绿色转型、提升建筑能效的重要载体。例如天府国际动漫城通过引入智慧能源管理系统，实现了对电力、水、燃气等能源的全方位监控与管理，年节能量达到15%以上，显著提升了企业形象并吸引了更多注重环保的消费者。智慧建筑通过集成物联网、大数据、云计算等先进技术，实现了对建筑能耗的精细化监测、智能化分析和高效化调控，为节能减排、降低成本提供了有力支持。这种以人为本的设计理念，为智能建筑的未来发展指明了方向。

（六）从智能到智慧的进化阶段

随着大数据、物联网、云计算等新一代互联网技术进入建筑行业，建筑智能化技术也开始提档升级，不断延伸、拓展，“智慧建筑”概念随之兴起。① 在这一阶段（2018年至今），数字孪生技术的应用将智能建筑的范畴在时间维度上扩展至全生命周期管理，在空间维度上则实现了向空天地一体化网络环境的延伸。

① 郝赫. 智能建筑发展现状与前景分析［J］. 智能建筑与智慧城市，2021（9）：134.

这一拓展标志着智能建筑的要素边界显著扩大，其中人成为建筑系统的一个组成部分，而建筑本身则演化为智能建筑管理系统，建筑群进一步发展成为智慧城市的基本单元。在这一进程中，智能建筑展现出自我传播、群体交互、自学习、自适应、持续优化和安全可信的能力。这些能力使得智能建筑不仅仅是一个静态的物理结构，而是逐渐演变为一个与城市生态系统紧密相连、能够进行动态交互的有机体。智能建筑凭借集成尖端传感器、物联网装置及人工智能算法，能即时顺应环境变化并满足用户需求，达成能源管理的精细化、环境品质的跃升及用户舒适度的增进。

此外，智能建筑在这一阶段也开始探索认知计算和情感计算的可能性，以实现更加人性化和智能化的建筑设计和管理。通过这些技术的融合，建筑不仅能够理解用户的行为模式和偏好，还能够预测和适应用户的未来需求，提供更加个性化的服务。

随着共享经济、平台经济、区块链等新经济模式的融入，智能建筑的发展获得了新的动力。这些经济模式为智能建筑注入了新的运营活力与管理智慧，极大地促进了资源的高效配置与价值共创的实现。建筑行业对元宇宙概念的探索，将虚拟现实（VR）、增强现实（AR）等技术应用于智能建筑的设计和管理中，为用户提供了更加沉浸式的体验。这种体验不仅改变了人们与建筑的互动方式，还为建筑设计、施工和运营带来了新的思路和方法。

智能建筑在从智能迈向智慧的进化之旅中，深刻展现了建筑与技术、人与环境、经济与社会之间日益紧密且错综复杂的交织关系。这一阶段的智能建筑，正逐渐成为支撑智慧城市发展的关键基础设施，为实现可持续、高效、人性化的城市生活提供了坚实的基础。随着技术的不断进步和创新，智能建筑将继续在智慧化的道路上不断前行，为人类社会的发展贡献新的力量。

第二节 智能建筑的主要特征与基本类型

一、智能建筑的主要特征

智能建筑的特征在于其相对于传统建筑而言所具备的多方面优势和功能。这些特征致力于打造一个安全、舒适且高效便捷的生活与工作环境，同时兼顾节能降耗、成本控制，以及提供现代化的通信工具与信息服务。以下将从安全舒适、节约能源、降低成本以及通信信息服务完善四个方面对智能建筑的特征进行详细探讨。

（一）安全舒适

智能建筑借助各类先进的智能系统，成功实现了对建筑物的全面智能化控制与管理，进而为用户营造出一个安全、舒适且高效便捷的生活与工作环境。通过自动监控与控制系统，智能建筑能够对建筑物内的各类机电设备进行实时监测、控制和管理，保障建筑物运行的安全性。消防报警自动化系统和安防自动化系统能够及时响应各类灾害和突发事件，确保用户的生命和财产安全。同时，智能建筑更能依据用户的个性化需求及外界环境变化，智能调节室内温度、湿度及照明条件，从而进一步提升用户的舒适感受与工作效率，营造更加理想的生活与工作环境。

（二）节约能源

节约能源是智能建筑的一项重要特征。智能建筑通过智能化的能源管理系统，实现了对建筑物能源消耗的精准控制和管理，从而最大限度地减少能源浪费。智能建筑利用自然环境，如太阳能、风能等，进行室内环境的调节，降低对传统能源的依赖程度，从而实现能源的有效利用和节约。智能建筑的能源管理系统还能综合考虑地域特色、季节变换及用户实际需求等因素，灵活制定多样化的能源管理策略，旨在进一步提升能源利用效率并大幅降低能源成本。

（三）降低成本

智能建筑实现了对建筑内部各类机电设备的智能化、科学化、自动化管理，从而降低了设备运行和维护的成本。智能建筑设备管理系统通过远程监控、故障诊断及预防性维护功能，有效降低了设备运行故障频率与维修次数，进而削减了维护与管理的人工成本，实现了显著的费用节省。此外，智能建筑还能够通过智能化的运营管理系统，实现对建筑运营、维护和管理的全面优化，进一步降低运营成本，提高建筑的经济效益。

（四）通信信息服务完善

智能建筑具有完善的、现代化的通信系统和信息服务功能。智能建筑的通信系统能够以多媒体的方式对各类信息进行高效处理和传输，实现了与世界各地的即时通信。智能建筑借助计算机网络与数据库技术，构建了自动化办公系统，该系统能够迅速处理各类办公事务，显著提升了工作效率。同时，智能建筑还能够通过多媒体系统，为用户提供丰富的信息服务，满足用户对信息的需求，提升用户体验。

二、智能建筑的基本类型

根据建筑的使用特征，智能建筑有智能大厦、智能住宅小区、智能医院等多种类型。

（一）智能大厦

智能建筑的发展起源于智能大厦的概念，任何一栋具备智能建筑特征的大楼均可被视作智能大厦。智能大厦不仅限于办公写字楼，还包括宾馆（酒店）和商场等多种类型。目前，宾馆（酒店）和办公写字楼作为智能大厦的主要应用场所，其智能化程度日益提升。

1. 智能宾馆（酒店）

在现代社会，宾馆（酒店）已演变成为集住宿、餐饮、休闲、娱乐、会议及多种商务活动于一体的综合性服务场所，致力于为客户提供多功能、全方位的优质服务。为吸引并留住客户，宾馆（酒店）必须营造安全、高效、舒适且便利的建筑环境。因此，现代化的宾馆（酒店）普遍采用先进的智能化技术，以提升其服务品质与档次。

宾馆（酒店）智能化系统的精髓，在于计算机信息处理技术与宽带交互式多媒体网络技术的融合，它们构成了现代宾馆建设与改造的核心要素，同时也是提升其市场竞争力的一大法宝。具体而言，宾馆（酒店）的智能化主要体现于以下三个方面：

①直接服务于客户的计算机系统，包括前台计算机管理系统，它涵盖了前台与餐饮管理、后台系统、电话系统、门锁系统以及视频点播系统等接口，为客户

提供一站式服务。此外，一卡通系统不仅便于客户身份识别、门锁控制，还实现了消费管理的一体化；视频点播系统则让客户能够随心所欲地点播影片，浏览网络信息。

②针对宾馆管理者的信息管理系统，如宾馆预订与连锁经营网络系统、后台计算机管理系统以及办公自动化系统等，旨在实现更加先进、科学且高效的经营管理模式。

③通过智能化系统降低宾馆经营成本。宾馆的收入与客源数量密切相关，而成本则涉及运营与管理的各项支出。借助节能技术、优化采购网络、人员管理以及物资管理智能化等手段，宾馆能在保障客户满意度的同时，有效减少物资消耗、能源消耗及人力成本，进而实现利润的最大化。

2. 智能办公写字楼

智能办公写字楼配备了高技术含量的先进设施与设备，以其卓越的硬件条件为用户提供高度智能化的办公环境。这类写字楼提供的服务通常达到“5A”级别，具体包括以下系统：

①建筑物自动化系统（BAS）。负责对供配电、采暖、空调、照明、给排水、电梯及停车场等设施与设备进行自动监控，为用户提供便捷的自动化服务。

②通信网络系统（CNS）。实现智能通信功能，包括综合布线系统、电视电话会议系统、公共广播系统及移动电话系统等，为用户提供高效、流畅的通信体验。

③办公自动化系统（OAS）。为用户提供智能化的办公服务，包括多媒体信息查询系统、计算机网络系统以及物业管理计算机系统等。

④安保自动化系统（SAS）。通过闭路电视监视系统、电子巡更系统等，实现对建筑的安全监控，有效预防盗窃等事件的发生。

⑤消防报警系统（FAS）。作为智能消防系统，负责预防火灾等事故的发生，并在灾害发生后进行应急响应，包括火灾自动报警系统、消防联动控制系统等。

（二）智能住宅小区

智能住宅小区是在智能大厦概念上的进一步拓展与应用。相较于智能大厦，智能住宅小区更侧重于为住户提供安全舒适的居住环境、便捷的社区物业服务与管理、具备增值效应的网络通信服务，以及满足个性化的居住需求。智能住宅小区的智能系统包括以下方面：

1. 综合物业管理系统

综合物业管理系统的主要功能包括对小区房屋维修、住户、车辆、道路、绿化、收费等进行管理。它是一个全面的解决方案，旨在提升物业管理的效率和质量。通过这个系统，物业管理者可以轻松地跟踪和维护房屋的维修状态，确保住户的居住安全和舒适；同时，系统还能够有效地管理住户信息，包括住户的基本资料、缴费记录以及任何相关的投诉或请求。车辆道路管理功能则确保了小区内部交通的顺畅和安全，对车辆进出进行监控和记录。绿化管理功能帮助维护小区的美观和环境质量，记录植物的养护情况和绿化区域的维护工作。收费管理功能简化了物业费用的收取流程，提高了收费的透明度和效率，确保了财务的准确性和及时性。

2. 安全防范系统

安全防范系统是保证小区安全的重要智能系统。通常，在住宅区内都会设置保安中心，安全防范系统的主机和控制设备也放置在保安中心。安全防范系统的主要设施与功能如下：

①周边防盗报警系统。主要是在小区周围的围墙上安装红外对射报警探测器，一旦探测器探测到非法入侵，即可进行实时报警，在周围边界对小区安全进行保护。

②闭路电视监控系统。主要是在小区的大门、主要道路、停车场入口、楼道入口、周边公共场所等处安装闭路电视监控摄像机，对小区周边情况实行 24h 不间断的记录与保存，确保全天候的监视与防范，保障小区安全，并与报警系统联动，保护小区安全。

③巡更系统。主要是在小区的各出入口、楼道出入口等设置巡更点，安排专门的安保人员执勤。巡更点的科学设置，能够增强小区安保人员的安全意识，并明确其安保责任。同时，在安排人员巡更的同时，必须提供必要的人身安全保障措施，确保巡更人员的安全。

④楼宇对讲系统。主要是在楼道入口处安装对讲机，当住户有客人来访时，需要先通过对讲机与住户取得联系，在住户确认后，外访人员方可进入。

⑤家庭防盗报警系统。主要是将家庭内部的防盗系统与小区的安全防范系统

联网，一旦住户内部发生盗窃等安全事件时，可以通过系统将信息传递到小区保安中心。

通过各类安全系统的布置，能够实现对小区安全的全方位、多层次的保障，且智能安全防范系统是无形的，其比防盗网等有形的安全防范措施，更能使用户感觉到安全、舒适。

3. 公共机电设备系统

公共机电设备系统能够精准控制小区内各类机电设备，其核心组成部分包括系统主机、执行机构、传感器及传输线缆。对小区内各类机电设备的控制主要依靠系统主机实现，执行机构和传感器负责检测机电设备的运行状况，传输线缆则起到传输信息的作用。公共机电设备系统不仅实现了对小区机电设备的分散控制与集中管理，还显著提升了管理的智能化与科学化水平，有效降低了能耗与人力成本，延长了机电设备的使用寿命。

4. 停车场管理系统

除了在出入口设置摄像头，对进出小区的车辆进行管理之外，小区通常还配有专门的停车场管理系统，其主要由道闸、IC 卡读写器、管理电脑和传输线缆组成。该系统利用 IC 卡读写器对 IC 卡进行读取识别，以实现对车辆出入的智能化管理。除了出入管理之外，系统通过 IC 卡的识别，还能够完成检验、记录、核算、收费等计算工作。对于小区住户，物业会发放专门的 IC 卡用于用户车辆的出入控制及收费等其他管理。对于来访车辆，则由停车场值班人员对其来访车辆信息进行记录，并向其发放临时卡，再将车辆放行。

5. 四表系统

四表系统即对水表、电表、气表、热表这四类表进行自动抄表的系统，该系统主要由数据采集器、管理主机及传输线缆三部分构成。小区的四表通常为电子表，有的也为数字表。自动抄表系统通过在四表集中区域设置数据采集器，实现了对住户四表数据的实时采集与存储。数据采集器则通过总线方式与系统的主机相连，小区的管理中心即可实现电子自动抄表到户。

6. 小区综合管理系统

在小区内建立基于 Internet 网络的 Web 服务器（ISP），可实现网上收费服务、发布通知通告、综合信息查询与 Web 发布、电子邮件服务（E-mail）、电子新闻与报刊服务等。

7. “三网合一”的综合通信网络

电话、电视和数据“三网合一”的综合通信网络主要包含以下设施与功能：一是建立电话、电视和数据“三网合一”的 HFC 综合通信接入网络平台，可实现小区内免费电话服务功能，提供交互式电视服务，如 VOD 点播等；二是提供宽带接入，实现可视电话、电视会议、家庭办公等多媒体综合业务服务功能。

（三）智能医院

作为特殊建筑，智能医院的智能系统在形式上可能与一般智能大厦相似，但其设计必须适应医疗领域的特殊需求。例如通过信息化与智能化技术的深度融合，实现医疗信息的数字化、网络化和智能化管理，以及引入智能化医疗设备与设施，如智能病床和手术机器人，来提高医疗服务的准确性和效率。此外，智能化环境控制系统和安全管理系统确保了患者和医护人员的安全与舒适。智能医院的设计核心在于为病人提供高效、便捷的服务。

医院作为智能系统的唯一使用者，服务对象直指病人，因此对楼内计算机局域网络功能的实施及智能化系统的应用有着明确且实际的需求，赋予智能医院在系统集成上的显著优势。此外，智能医院除了具备通用的智能化系统外，还拥有一系列医院专用的信息管理系统，这些系统不仅优化了医院管理，还为病人提供了更为周到细致的服务。

具体来说，智能医院包含以下关键系统：

1. 门诊与药房排队管理系统

鉴于医院门诊、分诊、药房等窗口人流量大、易拥挤的特点，门诊与药房排队管理系统通过智能安排患者排队，为病人分配顺序号码，并通过语言系统通知病人，从而简化了病人的排队流程，优化了窗口秩序，提升了医院的工作效率和服务质量。此外，该系统还能实时监控排队情况，动态调整排队策略，确保患者等待时间最短化，进一步提高了患者满意度。

2. 病房呼叫对讲系统

与传统的护士呼叫系统相比，智能医院的呼叫系统不仅与医院管理信息系统

（HMIS）紧密相连，还能在病人呼叫时及时通知护士和主治医生，并自动调取病人的病历资料供医护人员参考；同时，该系统还能记录病人的呼叫过程，为后续治疗提供有价值的资料。此外，系统还具备智能分析功能，能够根据呼叫频率和紧急程度，自动区分优先级，确保紧急情况得到快速响应。

3. 手术室视频示教系统

基于现代医院的教学和科研功能需求，手术室视频示教系统利用手术室内的高清摄像机实时记录手术过程，不仅便于学生观摩学习，还作为手术档案保存，有力支撑了医院的教学与科研活动。系统还支持远程访问，允许专家在不同地点实时观看手术过程，进行远程指导和交流，极大地促进了医学知识的传播和医疗技术的提升。

4. 婴儿保护系统

婴儿保护系统是一种先进的婴儿安全设施，通过在婴儿脚部系上微型射频（RF）反射器标志，一旦婴儿被非法移动或标志被破坏，系统会立即发出报警并显示婴儿位置，确保婴儿安全。该系统还具备实时监控功能，能够24h不间断地跟踪婴儿的活动，防止任何潜在的安全威胁，为医院提供了一个全方位的婴儿安全解决方案。

第三节　智能建筑的系统组成及功能解析

智能建筑作为现代建筑科技发展的产物，其核心在于通过高度集成的系统，实现建筑的智能化管理，提升能效，保障安全，增强用户体验。智能建筑通常由三个关键子系统构成，即建筑设备自动化系统（BAS）、通信网络系统（CNS）和办公自动化系统（OAS）。

一、建筑设备自动化系统（BAS）及其功能

建筑设备自动化系统是智能建筑的中枢神经系统，负责监控和管理建筑内部的环境和设备运行状态。BAS的核心是中央计算机，它通过传感器和执行器的网络，实时收集数据并根据预设程序或人为指令进行控制。

（一）环境控制功能

环境控制是 BAS 中的一个重要功能，它涵盖了室内环境的诸多要素，诸如温度、湿度以及空气质量的精细调控。这一功能的实现依赖于遍布建筑内的传感器网络，它们负责实时监测和收集环境数据。

1. 温度控制

BAS 凭借集成的传感器系统，精确监测室内温度，并依据预设范围智能调控空调系统，确保室内温度的恒定维持。湿度控制同样重要，特别是在极端天气条件下，BAS 能够通过除湿或加湿设备来调节室内湿度，防止结露和霉菌生长，保障室内环境的舒适和健康。

2. 空气质量

BAS 通过监测室内空气中的污染物浓度，如二氧化碳、挥发性有机化合物（VOCs）和颗粒物，自动调节通风系统，引入新鲜空气，排出污染空气，从而保证室内空气质量。

（二）能源管理功能

能源管理是 BAS 的另一个核心功能，它涉及建筑能源使用的监控和优化。BAS 通过监测建筑的能源消耗，包括电力、水、燃气等，能够识别能源浪费的区域和时间段。在照明系统中，BAS 利用运动与光照传感器，实现灯具的智能启闭，既保证适时照明，又能在无人时段有效节能。在空调系统中，BAS 能够依据室内外温度及人员密度智能调节运行参数，从而有效提升能源利用效率。

此外，BAS 还可以与建筑管理系统（BMS）集成，实现更全面的能源管理策略。例如通过分析历史能耗数据，BAS 可以预测能源需求，优化能源使用计划，从而降低能源成本。

（三）安全管理功能

安全管理是 BAS 的重要组成部分，它涉及建筑的安全监控和入侵防范。

1. 建筑的安全监控

BAS 通常集成了闭路电视监控（CCTV）、入侵检测系统和访问控制系统。CCTV 系统通过在建筑的关键区域安装摄像头，实时监控建筑内外的情况。一旦检测到异常行为或入侵者，系统可以立即通知安保人员。

2. 建筑的入侵防范

入侵检测系统则通过门窗上的传感器来监测非法入侵，当检测到入侵时，系统会触发报警并通知相关人员。访问控制系统则负责管理建筑的进出权限，通过身份验证设备如门禁卡、指纹或面部识别等，确保只有授权人员才能进入特定区域。

（四）设备监控功能

设备监控涉及建筑内各种设备的运行状态监测。这些设备包括电梯、锅炉、照明系统、给排水系统等。BAS 通过持续监控这些设备的电压、电流、温度及压力等关键运行参数，可以迅速察觉设备异常情况。在设备监控领域，预测性维护正变得越来越重要。通过 AI 技术分析设备运行数据，可以预测潜在的故障点，从而在故障发生之前主动进行维护。这种预防性措施显著减少了意外停机时间，并有效降低了维修成本。

（五）应急响应功能

在智能建筑中，应急响应系统是 BAS（楼宇自动化系统）的关键组成部分，它负责处理包括火灾、自然灾害在内的各种紧急事件。例如智能建筑通过物联网传感器实时监测建筑物内外环境变化，如温度、湿度、烟雾等，并利用人工智能技术构建智能决策系统，辅助管理人员在紧急情况下做出决策。此外，智能建筑安全应急响应系统设计采用分层架构，包括感知层、网络层、平台层和应用层，确保在紧急事件发生时能够迅速响应，最大限度保护人员安全、减少财产损失。BAS 能够在检测到紧急情况时，自动启动应急程序。例如在火灾发生时，BAS 可以自动激活消防系统，释放灭火剂，同时启动疏散指示系统，指导人员安全撤离。电梯控制系统会在紧急情况下自动锁定电梯，防止人员被困。此外，BAS 还可以与城市的应急响应系统联网，提供紧急情况下的联动支持。

BAS 通过这些功能实现了建筑的智能化管理，不仅提升了建筑的能效和安全性，也为用户创造了更加舒适和健康的室内环境。随着技术的不断进步，BAS 的功能将更加完善，为智能建筑的发展提供更多可能性。

二、通信网络系统（CNS）及其功能

通信网络系统是智能建筑的信息传输系统，负责处理建筑内外的通信需求，包括语音、图像、文字和数据的传输。CNS 的集成是智能建筑的关键环节，它依赖于综合布线系统来实现网络的物理连接。

（一）数据通信功能

数据通信涉及建筑内的计算机网络和互联网接入。该功能确保了信息的迅速流通，为建筑内部的自动化及办公自动化系统提供了强有力的数据交换支持。高速的数据传输服务是现代智能建筑的必备条件，它使得建筑能够快速响应各种需求，如在线支付、云服务访问和大数据传输等。技术的不断进步，使得数据通信服务愈发依赖于高速光纤网络和前沿的无线通信技术，例如 Wi-Fi 6 和 5G，从而满足日益攀升的数据传输需求。

（二）语音通信功能

语音通信涉及传统的电话系统和现代的 VoIP 系统。这些系统提供高质量的语音通信服务，不仅支持内部通信，还支持与外界的通信。VoIP 技术的发展极大地降低了通信成本，提高了通信质量，并且通过互联网实现了语音服务的全球化。此外，智能建筑中的语音通信系统还可以集成语音邮件、会议电话和呼叫中心等功能，增强了通信的多样性和便捷性。

（三）图像和视频传输功能

图像和视频传输服务包括视频监控、视频会议和数字标牌等。这些服务不仅增强了视觉通信能力，还提升了建筑的安全性和管理效率。视频监控系统可以实时监控建筑内外的安全状况，而视频会议系统则支持远程协作和会议，打破了地理限制，提高了工作效率。数字标牌系统则用于信息发布和广告宣传，为建筑内的人员提供了实时信息和通知。

（四）多媒体服务功能

CNS 支持多媒体内容的传输，如流媒体、音频和视频点播服务。这些服务极大地丰富了建筑内的娱乐与教育场景，为用户带来了更加多元和丰富的媒体体

验。流媒体技术使得用户能够通过网络实时观看视频和听音频，而点播服务则允许用户根据自己的时间安排选择内容。多媒体服务的集成为智能建筑增添了更多的生活化和个性化元素，提升了居住和工作的体验。

（五）物联网集成功能

物联网集成堪称 CNS 中的一项极具前瞻性和创新性的功能。CNS 能够连接各种物联网设备，如智能传感器和执行器，实现建筑设备的智能控制和监控。物联网技术的应用使得建筑内的设备能够相互通信，自动调节运行状态，提高了建筑的能效和舒适度。例如智能照明系统可以根据人员的存在和活动自动调节亮度，智能温控系统则可以根据室内外温度自动调节室内温度。物联网集成不仅提升了建筑的智能化水平，还为未来智慧城市的发展奠定了基础。

三、办公自动化系统（OAS）及其功能

办公自动化系统通过集成先进的计算机技术、通信技术和人工智能算法，极大地提升了办公效率和决策质量。OAS 致力于将传统办公流程全面数字化、自动化，旨在提升工作效率，优化信息管理流程，支持灵活远程办公，并进一步增强团队协作的紧密性。

（一）电子数据处理功能

电子数据处理（EDP）专注于日常办公事务的自动化流程。通过 EDP，OAS 能够自动化执行一系列烦琐的事务性工作，如文件管理、日程安排、电子邮件处理、通知发送、文件打印、表格汇总和会议组织等。这种自动化流程显著提升了工作效率，同时降低了人为错误率，从而确保了数据处理的高度准确性和一致性。

（二）信息管理功能

信息管理系统（IMS）负责组织、存储和管理大量的数据。MIS 通常包括数据库管理、数据挖掘、数据分析和报告生成等功能。借助 MIS，组织得以迅速检索并深入分析数据，为精准决策提供了坚实支撑。此外，MIS 还能够帮助组织跟踪业务流程，监控关键绩效指标（KPIs），并实现业务流程的持续改进。

（三）决策支持功能

决策支持系统（DSS）是 OAS 中用于辅助管理者做出更优决策的系统。DSS

通过提供数据分析、模型构建和预测工具，帮助管理者分析复杂问题，评估不同决策方案的潜在影响。DSS 通常包括数据仓库、在线分析处理（OLAP）、数据挖掘和机器学习等技术，以支持管理者在不确定性和动态变化的环境中做出明智的决策。

（四）远程办公功能

OAS 支持远程办公和移动办公，使得员工可以在任何地点、任何时间访问办公资源。这种无与伦比的灵活性在极大程度上提升了员工的满意度，同时也成为吸引并留住人才的关键因素。通过 OAS，员工可以在家中、旅途中或任何其他地点通过互联网连接到公司的网络，访问电子邮件、文件、日历和项目管理工具等。这种远程访问能力还有利于灵活的工作安排与员工工作与生活的平衡。

（五）会议和协作功能

OAS 提供视频会议和协作工具，促进团队成员之间的沟通和协作。这些工具包括视频会议软件、即时消息、项目管理和文档共享平台等。这些高效工具使团队成员能够即时沟通创意、协同分享文档、紧密跟踪项目进展并有效调配任务。这种实时协作能力对于提高团队效率、促进创新和解决复杂问题至关重要。

（六）文档管理功能

OAS 能够实现文档的电子化管理，包括创建、存储、分发和归档。电子文档管理系统（EDMS）是 OAS 中用于管理组织文档的系统。EDMS 凭借数字化文档的存储方式，构建了一个便捷的中央数据库，极大地提升了文档检索、共享及归档的效率。此外，EDMS 还提供了版本控制、权限管理和安全功能，确保文档的完整性和安全性。

第四节　建筑设计中智慧城市理念的渗透

一、智慧城市理念在城市建筑设计中渗透的意义

（一）提升城市建筑设计的人性化水平

“智慧城市”是一种“人性化”的概念，在规划之际，它更侧重于整合现有

资源，精准对接居民生活需求，力求最大限度提升居民的生活满意度。因此，将其运用到城市建筑的设计中，可以使城市的人性化表现得到很大的改善，从而为人们带来更好的精神和视觉体验。传统的建筑设计形式是单一的，而采用“智慧城市”的概念，则会在设计时，将当地的民俗与地域文化融为一体，以提升其亲近性与独特性，这是以往的都市设计所不具备的。

（二）促进设计行业的健康发展

在具体的建筑工程中，将智能的概念充分地融入建筑的设计之中，可以对传统的建筑设计方法进行革新，运用现代科技和制度，对大众对建筑的要求进行标准化分析，并制订出一套完整的规划。在充分考虑市民需要的前提下，提高市民满意程度，塑造好的品牌，促进设计界的良性发展。

（三）提高城市建筑资源利用率

将智慧城市概念引入到城市建筑的规划中，能够有效地提升城市的建筑空间利用效率。运用信息化、大数据等技术手段，能精准分析建筑需求，合理规划空间布局，优化投资配置，实现高质量、高效率目标。这不仅提升了建筑设计的合理性与科学性，还避免了因资料不足导致的经费浪费，确保城市建筑设计在政府指导与施工单位许可下顺利进行，高效利用设计资源，促进社会经济效益的提升。

（四）拓展建筑设计交流渠道

在建筑设计过程中，必须顺应都市发展的要求，因此，建筑师须从系统视角深入研究现代设计思想，确保其契合都市发展趋势。智慧城市以信息化技术为根基，通过信息化技术可以实现信息的采集和传输。“智慧城市”概念可以拓展城市设计的整合通道，保障我国的建设与发展。

二、智慧城市理念在城市建筑设计中的应用方法

（一）深化设计人员对智慧城市理念的认识

要在城市建设中将“智能”概念贯彻到实际中，就必须大力倡导“智慧城市”这一概念。这促进了城市建设工作者对“智能”概念的理解，加深了对

"智慧城市"理念及其在城市建筑中作用的认识，增强了"智慧城市"理念的渗透。与此同时，也为设计师提供了一个可以借鉴的机会。通过交流和学习，借鉴国内外关于智慧城市概念的案例，并将其运用到建筑设计中，有效地将实际施工要求、施工环境相结合，设计出一种适合于实际的智能建筑，充分利用智能建筑的思想，从而提升建筑设计的合理性、科学性。

（二）智慧城市理念应用于建筑安全设计

在城市建筑的设计中，安全是最主要的考虑因素，而将智能的概念运用到建筑设计中，能够很好地解决建筑的安全性问题。城市建筑的安全主要是指建筑物的外在安全与室内的安全，利用智慧城市概念，利用资讯科技与大数据的分析，使设计者能够高效地选择安全无害的建材来进行建筑的设计。例如在建筑物外墙选用吸收光线较好的材质，并对各建筑物间距进行了合理的规划，保证了建筑物能够获得足够的阳光。采用自动消防报警装置，当探测到一定的浓烟时，消防装置会开启，并与安保人员联系，迅速扑灭。另外，在施工升降机的井口设有紧急供电装置，当出现故障时，立即开启紧急供电以保证安全，防止出现事故，这些都是按照智慧城市概念来建造的。

（三）智慧城市理念应用于建筑环保设计

智慧城市概念强调资源节约、能量高效与环境友好，故建筑设计须严格遵循生态环保与绿色发展的核心理念。首先，在"智慧"的概念中，建筑应以生态学为基本原理，注意资源和能源的可持续使用；在进行建筑设计时，要根据实际情况来进行，房屋的整体朝向、外观、结构和所采用的节能技术，都要根据本地的自然条件来进行，注意使用太阳能、地热能和生物能等。建筑材料应选择可再生、可重复利用且环境友好的类型，并优先考虑当地材料，以减少生产加工及运输中的间接废物排放和环境影响。其次，在建筑领域，大力推进建筑结构的标准化，尤其是以组装为代表的建筑结构，具有高效、绿色和高品质等优点，与"智慧"的建设思想相契合，是实现建筑绿色可持续发展的最佳途径。

（四）重视物联网技术的应用

物联网技术是智慧城市的关键技术，其在智慧城市中的应用研究是实现智慧城市发展的突破口。例如可以使用 Living3.0 对智能居住空间进行展现，当建筑物主人不在家中时，如果有客人来访，有关的信息可以被直接传送到建筑物主人的手机上。当建筑物大门处装有摄像头时，主人能实时查看来访者影像，并通过内置电话功能轻松交流。可以通过温湿度感应器来感应建筑物室内的湿度和温度；通过光线感应器来调节窗帘的打开和关闭；书房内，一旦有人落座，感应器即刻启动，让台灯自动亮起。因此，在物联网技术的支持下，智能建筑项目的建设亟待推动智慧城市的建筑设计发展。

第三章　智能建筑系统的搭建

随着智慧城市建设加速，智能建筑作为核心载体，正通过系统集成重塑人居与城市空间交互模式。本章围绕四大核心体系展开：综合布线系统构建数据传输神经脉络，通信网络系统实现设备互联互通，安全技术防范系统筑牢多维防护屏障，办公自动化系统驱动管理效能升级。四大模块协同运作，不仅推动建筑空间向智能生命体进化，更通过数据融合与服务优化，为智慧城市全要素感知、全场景协同提供基础设施支撑，开启城市建设智慧化新篇章。

第一节　智能建筑的综合布线系统

在传统布线系统中，各个子系统独立布线，且使用不同的传输介质，导致设计与管理过程中存在诸多问题。这种独立运作的方式，不仅增加了系统复杂性，还容易导致资源浪费与运维困难。然而，智能建筑综合布线系统的出现改变了这一局面。这一技术是现代通信领域高科技发展的产物，提供了合理而高效的布线解决方案，借助高品质材料，彻底改变了传统布线的弊端，为现代化建筑实现智能化奠定了基础。

智能建筑综合布线系统不仅简化了布线设计和安装过程，还具备高度的兼容性和开放性，能够支持多种应用和设备之间的无缝连接。其灵活性使得布线系统能够根据未来需求的变化进行调整，降低了因技术更新带来的改造成本。与此同时，该系统的可靠性通过先进的传输技术得以保障，确保了数据传输的稳定性与安全性。此外，智能布线系统在技术先进性和经济性方面表现突出，能够在减少设备与能源消耗的同时提升工作效率，带来长期的经济效益。①

① 宋凯，刘忠，张玺婕，等. 网络综合布线系统的设计与应用［J］. 中国军转民，2023（9）：60.

一、智能建筑综合布线系统的组成

智能建筑综合布线系统采用模块化结构，一般可以划分为七个子系统，它们分别是工作区子系统、水平（配线）子系统、管理间（电信间）子系统、垂直（干线）子系统、设备间子系统、进线间子系统和建筑群子系统。

新标准的配线子系统与旧标准的水平子系统对应，新增加了进线间子系统，并对管理子系统做了重新定义。旧标准对进线部分没有明确定义，随着智能大厦的大规模发展，建筑群之间的进线设施越来越多，各种进线的管理变得越来越重要，独立设置进线间就体现了这一要求。

第一，工作区子系统。工作区子系统主要承担连接终端设备与信息网络的基础任务，在独立的物理空间内，通过与配线子系统连接的模块和延伸线缆建立稳定的通信通道，从而保障各类设备的有序接入和数据交换的连续性。该子系统的设置不仅提升了网络部署的灵活性，也为后续的设备更换与维护提供了便利条件，确保了整体网络结构的实用性与可控性。

第二，水平（配线）子系统。水平（配线）子系统起始于信息插座模块，终止于设置在管理间的配线设备，是构成楼层内部网络联通的重要桥梁。其架构中包含各种类型的电缆、光缆及跳线，为信号在工作区与管理间之间的高效传输提供了路径支持。该子系统在实际运行中具备良好的可扩展性和配置灵活性，对建筑内部网络结构的优化具有积极意义。

第三，管理间（电信间）子系统。管理间子系统设立于楼层的电信间，负责对该楼层内所有信息点进行系统化管理与配置调整。在网络架构中，其位于水平（配线）子系统与垂直（干线）子系统之间，起到了关键的中继作用。通过合理的配线和模块配置，能够有效实现信号的分发与重组，增强网络系统的适应能力和运行效率。

第四，垂直（干线）子系统。垂直（干线）子系统贯穿建筑物各个楼层，通过干线电缆与光缆实现设备间与电信间之间的纵向连接。该子系统是楼层间数据流动的主通道，对整栋建筑的信息协调和资源共享起到了基础支撑作用。在信息传输中展现出稳定性高、抗干扰能力强的特性，为构建统一、高效的信息平台奠定了结构保障。

第五，设备间子系统。设备间子系统作为信息系统的中枢平台，集中配置网络交换、数据管理和控制设备。其功能涵盖网络控制、数据交换与系统集成等关键环节，是网络运行效率与信息安全保障的重要依托。该子系统的科学配置对于提升整体系统的处理能力和运行稳定性具有决定性影响，是信息系统持续高效运行的重要前提。

第六，进线间子系统。进线间子系统作为建筑物信息系统与外部通信网络的交接点，主要负责外部通信线路的引入和内部系统的对接。该子系统安装有各类接口设备，确保外部数据源能够顺利接入建筑内部网络，同时也实现了对外通信资源的统一调配。其作用不仅在于提供连接支撑，更体现在保障外部通信质量和网络融合能力上的关键功能。

第七，建筑群子系统。建筑群子系统以主干电缆和光缆为核心连接媒介，将多个独立建筑整合为一个统一的信息网络系统。该子系统通过科学布设的配线设备和跳线配置，实现跨建筑之间数据资源的互通与共享，有效拓展了网络覆盖范围，提升了整个建筑群的信息联动性与协同能力，是大型信息系统实现集约化管理的重要支撑。

从功能及结构来看，智能建筑综合布线系统的七个部分相互依存，共同构成一个有机整体。若将整个系统形象地比作一棵大树，则各子系统分别承担以下角色：工作区子系统如同树的叶片，直接面向终端用户，实现信息应用的末梢延伸；水平（配线）子系统犹如延伸的枝条，连接叶片与主干，承担楼层内的信号传递任务；垂直（干线）子系统则构成坚实的树干，承担跨楼层数据汇聚与传输的核心职能；设备间子系统如同树根，作为系统运行的根基集中承载核心设备与数据处理功能；管理间（电信间）子系统则相当于枝干连接处的关键节点，实现水平（配线）与垂直（干线）子系统之间的灵活转接与调度；进线间子系统承担外部养分引入的角色，是建筑内外信息交汇的入口；建筑群子系统则延伸为林木之间的联络网络，实现多栋建筑信息系统的整体互联。

二、智能建筑综合布线系统的施工

（一）布线施工准备

作为基础设施建设的重要组成部分，综合布线的施工质量受到多种因素的影响，尤其是在实际操作中，由于不同施工单位的技术能力和管理水平参差不齐，布线工程的质量也因此存在差异。这一差异会对网络的信号传输产生显著影响，导致通信效率的下降，甚至引发系统故障。因此，智能建筑综合布线的施工必须严格遵循规范要求，并在施工的各个阶段进行科学组织与管理。施工前的准备工作主要包括技术准备、施工前的环境检查、施工前设备器材检查等环节。

1. 技术准备

①在智能建筑综合布线系统的设计、施工与验收过程中，必须严格遵循相应的规范要求，并掌握各子系统的施工技术以及整个工程的施工组织技术。

②熟悉和会审施工图纸。施工图纸不仅是工程施工的依据，还体现了设计人员的设计意图。施工人员必须深入理解图纸设计的内容，明确其中的细节，掌握设计人员的设计思想，避免施工过程中出现与其他工程的冲突。

③熟悉与工程有关的技术资料。施工人员应当全面掌握设备厂家提供的说明书、产品测试报告以及相关技术规程，了解质量验收评定标准等内容。

④技术交底。技术交底工作主要由设计单位的设计人员与工程承包方的项目技术负责人共同负责。交底内容涵盖了设计要求、施工组织设计中的各项要求、所使用的材料和设备性能参数，以及工程施工条件、顺序与方法。技术交底还涉及施工过程中应用的新技术、新设备、新材料的性能和操作方法。通过交底，明确预埋部件的注意事项和质量验收标准。此外，施工安全注意事项也在交底中占有重要位置。技术交底的形式多样，既可以通过书面交底，也可以通过会议、口头或设计交底等形式进行。

⑤编制施工方案。结合施工现场的具体情况、现有技术力量及相关技术准备，进行综合考量。施工方案是施工过程中的行动指南，必须具有合理性与可操作性，以确保各阶段施工按计划有序进行。

⑥制定施工进度表。制定施工进度表要留有适当的余地，施工过程中意想不到的事情随时可能发生，要求立即协调。

⑦编制工程预算。工程预算具体包括工程材料清单和施工预算。

2. 环境检查

在工程施工开始以前应对楼层配线间、二级交接间、设备间的建筑和环境条件进行检查，具备下列条件方可开工：

①楼层配线间、二级交接间、设备间及工作区的土建工程必须已全部竣工，确保房屋地面平整且光洁。门的高度和宽度应确保设备和器材的顺利搬运，且门锁和钥匙应齐全，以保证工程的顺利实施与后期维护的便捷性。

②在施工过程中，房屋内预留的地槽、暗管及孔洞的位置、数量与尺寸必须严格按照设计要求进行设置，确保后续工程能够顺利进行，避免因基础设施不符合标准导致工程延误或返工。

③对于设备间的活动地板铺设，须进行专门检查。地板的铺设不仅要严密坚固，而且每平方米的水平偏差不得大于 2 mm。同时，地板的支柱应牢固可靠，活动地板的防静电接地措施必须符合设计规范和产品说明的要求，确保设备运行环境的安全性与稳定性。

④楼层配线间、二级交接间及设备间必须配备可靠的电源及接地装置。

⑤楼层配线间、二级交接间、设备间的面积、环境温湿度、照明条件以及防火措施等必须满足设计要求及相关规范。

3. 器材检查

工程施工前应认真对施工器材进行检查，经检验的器材应做好记录，对不合格的器材应单独存放，以备再次检查或处理。

（1）型材、管材与铁件的检查

第一，所有型材的材质、规格及型号必须严格符合设计文件的要求，确保表面光滑、平整，避免出现变形或断裂的情况。预埋的金属线槽、过线盒、接线盒及桥架的表面涂覆或镀层应均匀完整，且不得出现变形或损坏，以保证其结构强度及耐久性。

第二，当管材使用钢管或硬质聚氯乙烯管时，管身应保持光滑、无伤痕，且管孔不得变形，其孔径及壁厚必须符合设计要求，确保管材在实际应用中具有足够的承压能力和耐用性。

第三，管道若采用水泥管道，应依据通信管道工程施工及验收的相关规定进行检验，以确保其质量符合标准，保证其在工程中的安全性和可靠性。

第四，各种铁件的材质及规格应符合相应的质量标准，确保无歪斜、扭曲、飞刺、断裂或破损等缺陷，保证其在安装和使用过程中的结构稳定性和安全性。

第五，铁件的表面处理和镀层必须均匀、完整，确保表面光洁无脱落、气泡等缺陷，以增强其抗腐蚀能力并延长其使用寿命。

（2）电缆和光缆的检查

第一，工程中所使用的电缆与光缆必须严格符合设计文件中规定的规格与型号，确保其具备承载设计负荷的能力，从而保障系统运行的稳定性与可靠性。选型准确是保障工程质量的基础环节。

第二，每箱电缆或每圈光缆的型号与长度应与出厂合格证上的信息一致，以确保材料的真实性与合规性，防止因参数不符影响施工质量，确保工程材料来源正规可靠。

第三，线缆外护套应完好无损，芯线不得存在断线或混线，色标清晰可辨，便于现场识别和规范接线，降低安装错误率，提升施工效率和系统稳定性。

第四，阻燃型线缆须经燃烧测试，验证其阻燃性能是否达标。此举有助于提升工程在特殊环境下的安全保障能力，确保线缆在火灾情况下具备必要的防护性能。

第五，进入施工现场的线缆应进行抽样检测，重点检查其电气与传输性能是否符合标准。随机抽取一定长度进行测量，可有效识别潜在质量问题，保障系统功能正常发挥。

（3）配线设备的检查

第一，检查机柜或机架上的各种零件是否脱落或损坏，表面如有脱落应予以补漆。各种零件应完整、清晰。

第二，检查各种配线设备的型号、规格是否符合设计要求，各类标识是否统一、清晰。

第三，检查各配线设备的部件是否完整，是否安装到位。

（二）路由通道建设

1. 线槽、线管的安装

①确定线槽、线管规格。须按照需要容纳双绞线的数量来确定，选择常用的标准线槽规格，不要选择非标准规格。

②安装底盒。根据各个房间信息点出线管口在楼道或房间的高度，预留有进出线孔，方便进出线，底板上有两个安装孔，用于将底座固定在墙面。

③安装线槽、线管。根据各个房间信息点出线槽、线管口所在楼道高度，确定线槽、线管安装高度，再使用双面胶、钉子、管卡等将线槽、线管固定在墙面。注意安装的线槽、线管上下左右在一条直线上，转角处可使用相应的附件。

④装线槽盖板（只有线槽需要，线管不需要）。将楼道全部线槽固定好以后，再将各个管口的出线逐一放入线槽，边放线边盖板，放线时注意拐弯处保持比较大的曲率半径。

2. 桥架的安装

①电缆桥架位置应依据建筑平面图，结合空调、电气管线布局及维修便利性确定，优先沿墙、柱、梁及楼板敷设。如借用综合管廊，应于管道一侧或上方平行布设，避免线路交叉，若无结构可借，应自设支柱支架，确保结构稳定与运维方便。

②桥架宽度依据电缆数量、直径与间距确定，同时选定相应型号、规格，合理设计托臂长度、支柱间距与层数。应留有容量富余，保障通风与运行安全，确保结构承载能力与整体布设协调统一，满足长期使用需求。

（三）线缆布放技术

1. 电缆布放技术

随着光纤光缆网络的大量建设，电缆已经较少使用，目前电缆布放技术主要应用于监控系统、可视对讲系统、门禁系统等领域。

（1）水平布线的施工技术

在建筑物内进行水平布线时，施工可选择明线或暗线的布线方式。施工方式的确定须结合现场实际情况进行比较，以选择最适合的方案。

第一，明线布线操作步骤。主要包括：①根据建筑物的结构特点或建筑图纸确定布线路由，确保布线路由与建筑物整体结构相适应；②沿着规划的布线路由进行线槽的安装，线槽安装应注重线条的平直性与美观性，也可以根据实际需求选择不安装线槽，直接采用固定装置进行布线；③在线槽的固定过程中，固定点应均匀分布，一般每隔 0.5 m 安装一个固定螺钉或卡钉，确保线槽的牢固性和稳定性；④在布放线缆时，须控制线槽的填充量，确保线缆在槽内的容量不超过线槽截面积的 70%，以免影响线缆的散热和安全性能；⑤线缆布放完成后，应及时盖上线槽的槽盖，以保障施工美观性及线缆安全。

第二，暗线布线操作步骤。主要包括：①获取建筑物的详细设计图纸，并进行现场勘察，全面了解建筑物内部水、电、气等管道的布局与走向；②准备适合长度的牵引线，并从离配线间最远的端点开始，沿着预埋的暗管逐段牵引；③为提高施工效率，线缆通常会以多条线缆聚集成束的方式进行布放，线缆束的末端须对齐并用绝缘胶带缠绕固定，以确保在牵引过程中线缆不受损或脱落；④在电缆的实际布放过程中，人工或机器牵引工具用于拉出电缆，并通过暗管将电缆牵引到配线间，在电缆布放完成后，须在电缆末端预留足够的长度，以便后续连接及维护操作；⑤在线缆末端标贴上与配线箱相对应的标签，以确保线缆的标识准确、清晰，便于后续管理与维护。

（2）垂直布线的施工技术

垂直干线是建筑物的主要线缆，它为从设备间到每层楼上的管理间之间传输信号提供通路。在新的建筑物中，通常利用竖井通道敷设垂直干线。在竖井中敷设垂直干线一般有两种方式：向下垂放电缆和向上牵引电缆。相比较而言，向下垂放比向上牵引容易。

第一，向下垂放电缆操作步骤。在进行向下垂放电缆的作业过程中，须将电缆卷轴合理放置于建筑结构的最高作业平台，并对施工区域进行全面检查与布置，确保作业条件具备安全性与可操作性。在垂直敷设区域，应与孔洞边缘保持适当作业距离，通常为3~4 m，以预防高空作业过程中因接近孔洞而发生意外。电缆馈出方向应自卷轴上端引出，并由具备操作资质的施工人员分布于各层，协同完成引导和固定工作。电缆在布放过程中须缓慢、平稳释放，避免因速度过快发生拉伤、扭结等损伤风险。在电缆垂落至各层时，作业人员应准确掌握孔洞方位，并对电缆实施人工引导与调整，确保其进入指定路径。整个过程中，须保持电缆受力均衡、布局规范，并防止电缆因外力作用出现磨损或形变。随着作业进度的推进，该操作须层层推进，直至电缆依照预定路径完成全部下垂过程，保障电缆整体布放的技术质量与施工安全。

第二，向上牵引电缆操作步骤。在执行向上牵引电缆的工作时，应首先完成拉绳系统的布置，通过绞车将拉绳由顶部向下穿设至电缆预敷的最低施工层。在确认拉绳布置顺畅无阻后，应将其与待牵引电缆实施牢固绑扎，确保在牵引过程中二者保持紧密连接状态。随后启动绞车，使电缆在拉力作用下逐层通过建筑结构的孔洞向上移动。此阶段需要各层施工人员密切配合，对电缆运行路径进行实时监控与调整，防止电缆因受力不均或路径偏差而发生损伤。整个牵引过程应在匀速、连续的前提下进行，以实现对电缆牵引速度与受力状态的有效控制。当电缆末端成功到达顶层位置时，必须及时停止牵引操作，并利用夹具将电缆牢固固定于孔洞边沿，以便后续施工中电缆位置保持稳定不移。在电缆接续及固定工作完成后，应解除拉绳连接，标志着整个牵引程序顺利结束。该操作环节须注重过程控制与质量把控，以提升电缆安装效率与施工安全水平。

2. 光缆布放技术

（1）明线布放技术

第一，卡钉固定布缆。①选择光缆钉固路由，一般光缆宜钉固在隐蔽且人手较难触及的墙面上，卡钉扣间距 50 cm。在室内钉固蝶形引入光缆应采用卡钉扣，在室外钉固自承式蝶形引入光缆应采用螺钉扣。②在安装钉固件的同时可将光缆固定在钉固件内，由于卡钉扣和螺钉扣都是通过夹住光缆外护套进行固定的，因此在施工中应注意一边目视检查，一边进行光缆的固定，必须确保光缆无扭曲，且钉固件无挤压光缆的情况。③在墙角的弯角处，光缆须留有一定的弧度，从而保证光缆的弯曲半径，并用套管进行保护。严禁将光缆贴住墙面沿直角弯转弯。④采用钉固布缆方法布放光缆时须特别注意光缆的弯曲、绞结、扭曲、损伤等现象。⑤光缆布放完毕后，须全程目视检查光缆，确保光缆上没有外力产生。

第二，线槽布缆。①直线槽可按照房屋轮廓水平方向沿踢脚线布放，转弯处使用阳角、阴角或弯角。跨越障碍物时使用线槽软管。②采用双面胶粘贴方式时，应用布擦拭线槽布放路由上的墙面，使墙面上没有灰尘和垃圾，然后将双面胶贴在线槽及其配件上，并粘贴固定在墙面上。当直线敷设距离较长时，每隔 1.5~2 m 需用螺钉固定一次。③采用螺钉固定方式时，应根据线槽及其配件上标注的螺钉固定位置，将线槽及其配件固定在墙面上，一般 1 m 直线槽需用 3 个螺钉进行固定。④根据现场的实际情况对线槽及其配件进行组合，在切割直线槽时，由于线槽盖和底槽是配对的，一般不宜分别处理线槽盖和底槽。⑤把蝶形光缆布放入线槽，关闭线槽盖时应注意不要夹伤蝶形光缆。⑥线槽布放应横平竖直，安装牢固，各个器件之间应安装严实、密封。

第三，波纹管布缆。①选择波纹管布放路由，波纹管应尽量安装在人手无法触及的地方，且不要设置在有损美观的位置，一般宜采用外径不小于25 mm的波纹管。②确定过路盒的安装位置，在住宅单元的入户口处以及水平、垂直管的交叉处设置过路盒；当水平波纹管直线段长超过30 m或段长超过15 m并且有两个以上的90°弯角时，应设置过路盒。③安装管卡并固定波纹管，在路由的拐角或建筑物的凹凸处，波纹管须保持一定的弧度后安装固定，以确保蝶形引入光缆的弯曲半径符合要求，便于光缆的穿放。④在波纹管内穿放蝶形引入光缆（在距离较长的波纹管内穿放光缆时可使用穿管器）。⑤连续穿越两个直线过路盒或通过过路盒转弯以及在入户点牵引蝶形引入光缆时，应把光缆抽出过路盒后再行穿放。⑥过路盒内的蝶形引入光缆无须留有余长，只要满足光缆的弯曲半径即可。光缆穿通后，应确认过路盒内的光缆没有被挤压，特别要注意通过过路盒转弯处的光缆。⑦关闭各个过路盒的盖子。

（2）暗线布放技术

第一，结合现场设备安装的具体方位，依据光分路器和用户侧ONU的安装位置，结合入户暗管及户内管线的实际走向，精准判断并定位入户管孔的位置，为后续布线工作打下基础。

第二，在定位明确后，应优先尝试将蝶形引入光缆直接穿入预设的暗管内。若顺利穿通，则穿缆工作可直接完成，无须额外操作。然而，在穿缆过程中，若发现光缆无法顺利通过，应立即改用穿管器进行辅助操作。在使用穿管器时，若遭遇较大阻力，可适当使用润滑剂，通过在管孔或穿管器上施加润滑剂以减少摩擦，提升穿通效率。

第三，如穿管器在一端穿放受阻，应尝试从另一端进行穿放作业。若仍无法成功穿通，应对穿管器进行标记后回收牵引线，以便准确识别管道堵塞位置，及时反馈用户，调整布线方案，避免反复操作所带来的资源浪费与时间成本。

第四，在穿管器穿通成功后，应将其与蝶形引入光缆牢固连接，制作符合规范的牵引端头。此过程中应确保两端连接长度适当，包扎牢固而不过厚，防止在牵引过程中产生阻碍。若管内已有其他线缆，应再次使用润滑剂，避免交叉线缆受到损伤。

第五，在实际牵引操作中，协作配合尤为关键。推荐由两名人员共同完成该作业，通过规范的口令交流掌握牵引节奏与光缆状态。由于牵引人员无法直观观察缆线另一端状态，严禁采用强力拉拽，以防光缆受损。

第六，当光缆顺利牵引出管孔后，操作人员应以触觉与视觉双重手段确认光缆是否完好。若发现凹陷或表面破损，应立即中止本次穿缆方式，重新制订施工方案。在确认光缆状态良好并测量所需长度后进行裁剪，预留足够长度以满足后续机械接续操作，保障连接质量与使用稳定性。

（四）线缆端接技术

1. 双绞线端接技术

（1）材料选择

第一，双绞线连接器。双绞线连接器是用于连接双绞线的关键组件，通常为透明塑料材料制成。其形状和设计使其能够轻松插入插座，确保信号传输的可靠性。不同类型的双绞线连接器，如 RJ-45 和 RJ-11，适用于不同的通信需求。RJ-45 连接器通常用于网络连接，而 RJ-11 连接器则用于电话线连接。这些连接器内部有多个平行排列的金属触点，旨在提供良好的电气接触和信号传输。

第二，信息模块。信息模块在电缆的端接或终接中起着至关重要的作用。根据其屏蔽类型的不同，信息模块可分为屏蔽模块和非屏蔽模块。此外，信息模块还依据传输速率分为多种类型，包括五类、超五类、六类和超六类模块，适应不同速率的通信需求。按照业务类型的不同，信息模块可分为语音、数据和光纤模块，满足多种通信场景的需要。根据线位数的不同，信息模块可分为四线位、六线位和八线位模块，其中八线位模块主要用于数据通信。信息模块的设计也分为打线式和免打线式，前者需要使用打线工具，而后者则无须打线工具，简化了连接过程。

第三，信息插座。信息插座作为建筑智能化布线系统的重要组成部分，承担着连接终端设备与传输介质的关键职责。其基本结构包括信息模块、面板与底座，整体设计须结合安装环境的功能需求与美观性要求。信息插座在安装方式上可分为墙上型、桌上型与地上型，以适配不同场景的布线安排。墙上型插座适用于结构施工阶段统一设置，强调与建筑一体化；地上型插座多采用防护设计，满足地面布线与使用安全的双重需求；桌上型插座则便于后期施工与灵活布线，提升工作场所的信息接入效率。

(2) 双绞线跳线的端接

根据双绞线跳线端接要求准备好五类或超五类或六类 UTP 双绞线、RJ-45 插头或 RJ-11 插头（水晶头）、一把专用的压线钳。具体步骤如下：

第一，剥线。用双绞线剥线器将双绞线塑料外皮剥去 2~3 cm。一般双绞线内部有一条柔软的尼龙绳，用于撕剥外皮，如果剥离部分太短，则不利于制作 RJ-45 接头，此时可以利用撕剥线撕开外皮。

第二，排线。将露出的双绞线线对按照橙、绿、蓝、棕的顺序从左至右排列，将各个双绞线线对分开，白色的导线均位于左侧。

第三，理线。将绿色导线（左起第 4 根）和蓝色导线（左起第 6 根）对调，其余导线保持相对位置不变。此时导线的左起顺序为白橙、橙、白绿、蓝、白蓝、绿、白棕、棕。

第四，剪齐。用压线钳的切口将 8 根导线整齐地剪断。注意留下的长度要合适，一般为 1~1.5 cm。不太熟练时可以与 RJ-45 连接头比对一下，以确定剪切位置。

第五，插入。一手以拇指和中指捏住水晶头，并用食指抵住，水晶头的方向是金属引脚朝上、弹片朝下。另一只手捏住双绞线，用力缓缓将双绞线 8 条导线依序插入水晶头，并一直插到 8 个凹槽顶端。

第六，检查。检查水晶头正面，查看线序是否正确；检查水晶头顶部，查看 8 根线芯是否都顶到顶部。

第七，压接。确认无误后，将 RJ-45 水晶头推入压线钳夹槽后，用力握紧压线钳，将突出在外面的针脚全部压入 RJ-45 水晶头内，RJ-45 水晶头连接完成。

(3) 信息模块的端接

信息模块端接要求准备好信息模块、信息插座、打线器、压线钳和连通性测试仪等器材与工具。具体步骤如下：

第一，使用剥线工具，在距线缆末端 5 cm 处剥除线缆的外皮。

第二，将各线对分别按色标顺序压入模块的各个槽位内。

第三，使用打线工具加固各线对与插槽的连接。

第四，在完成信息模块的端接后，需要将信息模块安装到信息插座内，以便于后续终端设备的连接。安装步骤包括将已端接好的信息模块卡接在插座面板槽位内，然后将面板与底盒接合并固定，确保信息插座的稳固性。

2. 同轴电缆端接技术

同轴电缆连接器，也称为BNC连接器，为卡口形式，传送距离长、信号稳定、安装方便且价格低廉。目前它还被大量用于通信系统中，如网络设备中的E1接口（2M接口）就是用两根BNC接头的同轴电缆来连接的，在高档的监视器、音响设备中也经常用来传送音频、视频信号。具体步骤如下：

①剥线。使用剥线钳将线缆绝缘外层剥去。

②焊接芯线。依次套入电缆头尾套，压接套管，将屏蔽网（编织线）往后翻开，剥开内绝缘层，露出芯线2.5 mm，将芯线（内导体）插入接头，注意芯线必须插入接头的内开孔槽中，最后上锡。

③装配BNC接头。连接好芯线后，先将屏蔽金属套筒套入同轴电缆，再将芯线插针从BNC接头本体尾部孔中向前插入，使芯线插针从前端向外伸出，最后将金属套筒前推，使套筒将外层金属屏蔽线卡在BNC接头本体尾部的圆柱体。

④压线。将屏蔽网修剪齐，余约6.0 mm，然后将压接套管及屏蔽网一起推入接头尾部，用六角压线钳压紧套管，最后将芯线焊牢。

3. 光纤光缆端接技术

（1）光纤熔接技术

根据光纤熔接要求准备好光纤熔接机、光纤端面制备器（切割刀）、光纤、剥纤钳、酒精（99%工业酒精最好，用75%的医用酒精也可）、棉花（用面巾纸也可）、热缩套管等器材与工具。①开缆刀：用于剥除不同护套层厚度的光（电）缆。②护套开剥钳：用于剥除光缆的护套和剪断加强件。③光纤松套管剥线钳：用于剥离光纤表面的松套管。④光纤涂覆层剥线钳：用于剥离光纤表面的涂覆层。⑤光纤端面制备器：用于制备光纤断面。⑥光纤熔接机：光纤熔接机采用芯对芯标准系统设计，能进行光纤的快速、全自动熔接。⑦热缩套管：用于保护光纤。⑧清洁工具：主要包括无水酒精、清洁海绵纸。

光纤熔接技术操作步骤如下：

第一，光纤端面处理。①去除松套管。在这一过程中，需要使用松套切割钳，将其旋转切割一圈，然后轻轻一折松套管即可断裂并移除。通常一次去除的长度不超过60 cm，若需去除较长的长度，可以采取分段去除的方式。在去除松套管时，须谨慎操作，以防对光纤的损伤。②应确保一次性去除涂覆层，并清理干净，避免残留物影响光纤的准直性。这一步骤主要适用于松套光纤。在完成涂覆层去除后，须进行端面清洁。可以使用脱脂棉蘸取无水酒精，纵向清洗光纤端面两次，直到听到“吱”的声响为止。③进行端面切割。光纤切割是确保端面平整、无缺损和毛刺的关键步骤。该过程通常采用“刻痕”法切割，使得端面光滑。切割长度需留有（16±1）mm 的余量，注意将切割下来的碎纤及时丢弃，以防扎伤操作人员。

第二，校准及熔接。在光纤端面处理完成后，接下来便是校准和熔接。现代熔接设备通常具备自动校准及熔接功能。在这一过程中，须将制备好的光纤端面放置在电极和 V 形槽之间，位置约为 1/2，靠近电极但不得超过电极。在放置光纤端面时，须确保其不与任何物体接触，以避免端面的损伤。光纤熔接机通过电弧放电原理实现光纤的熔接，其熔接瞬间的电压可高达 3 kV，因此在操作过程中一定要确保防风盖盖好，以保障安全。

第三，质量评估。熔接完成后，须对光纤的熔接质量进行评估。在熔接机的显示屏上，须检查熔接处是否平整且无毛刺；同时，熔接后的光功率损耗应小于 0. 1 dB。这个指标是判断熔接质量的重要依据，低损耗意味着光纤连接良好，信号传输稳定。

（2）配线架端接技术

配线架端接需要准备光纤配线架、光纤熔接机、光纤端接器材、光纤清洁器材和相关工具等。

第一，光纤配线架的配置。盘纤盒可以根据用户数量适当叠加安装，每一个盘纤盒占用机柜立柱上的一个方孔宽度，通过皇冠螺钉固定即可。

第二，光纤端面制备。光纤端面制备包括剥覆、清洁和切割等环节。

第三，光纤熔接。根据光纤的材料和类型进行熔接。

第四，盘纤。

方法一：先将热缩后的套管逐个放置于固定槽中，然后再处理两侧余纤。这种方法有利于保护光纤接点，避免盘纤可能造成的损害。在光纤预留盘空间小、光纤不易盘绕和固定时，常用此种方法。

方法二：从一端开始盘纤，固定热缩管，然后再处理另一侧余纤。这种方法可根据一侧余纤长度灵活选择铜管安放位置，方便、快捷，可避免出现急弯、小圈现象。

方法三：特殊情况的处理，如个别光纤过长或过短时，可将其放在最后，单独盘绕；带有特殊光器件时，可将其另一盘处理，若与普通光纤共盘时，应将其轻置于普通光纤之上，两者之间加缓冲衬垫，以防止挤压造成断纤，且特殊光器件尾纤不可太长。

第五，安装固定盘纤盒。检查盘纤盒是否与地面水平，检查螺钉是否拧紧，检查内部尾纤盘放是否规整，检查内部尾纤是否满足弯曲半径，检查机柜内部是否还有多余尾纤盘放，检查机柜内部是否还有光衰放置。

（五）设备机柜安装

机柜安装步骤如下：

第一，机柜安装规划。机柜安装前须对整体空间进行系统评估与合理划分，确保其布局满足通风散热与后期维护的双重需求。为保障运维效率，应保持机柜与墙体及周边设备的最小距离不小于 0.8 m，机房内部的净高应达到不低于 2.5 m 的标准，以利于设备正常运行和空气流通。

第二，组装标准机柜。在组装过程中，应严格按照技术规范依次安装机盘、部件及其他配套装置。固定操作中应采用金属膨胀螺丝将配线架与机柜主体牢固连接，确保整体结构的稳定性及后续设备的安全承载能力。

第三，机柜水平调整。在安装完成后，应对机柜进行水平检测，并使用专用工具调整地脚螺杆，以实现整体的水平校正。完成调整后，须将锁紧螺母旋紧，使其贴合于机柜底部，从而提升机柜的固定性与承重平衡。

第四，接地系统的安装。为保障电气安全，须建立可靠的接地连接系统。接地操作应使用专用接地垫圈，确保尖角朝向金属表面并刺破涂层，形成有效的导通路径；接地作业应一次完成，避免多次拆装。有源设备的正极、外壳及主干线路的屏蔽层须统一接地，并采用联合接地方式提升系统的整体抗干扰能力。

第二节　智能建筑的通信网络系统

一、数据通信系统

数据通信就是以传输数据为业务的一种通信，有单工、半双工和全双工三种工作方式。计算机的输入输出都是数据信号，因此，数据通信是计算机和通信相结合的产物，是计算机与计算机、计算机与终端以及终端与终端之间的通信。数据通信必须按照某种协议，连接信息处理装置和数据传输装置，才能进行数据的传输及处理。

（一）数据传输

1. 并行传输与串行传输

（1）并行传输

并行传输是一种以多位数据同步传输为核心的通信方式，其基本特征在于各个数据位在相同的时刻分别通过独立的信道进行传输。此类技术以数据位宽度为依据，需配备相应数量的物理通道，从而保障信息在传输过程中不发生延迟错位。该传输机制在近距离应用中具有显著优势，特别是在传输速率方面表现优异，不依赖于串并转换即可完成高效数据交换。由于其在处理速度与数据同步方面具有良好的性能表现，因此被广泛部署于结构紧凑、响应速度要求高的设备内部。然而，在远距离通信环境下，并行传输有成本高、资源占用大、信道干扰易发等制约因素，使其难以普遍推广。因此，其主要价值仍集中于特定硬件架构下的高频数据交互需求中。

（2）串行传输

串行传输是一种依序将数据位通过单一信道逐个传输的技术形式，其核心在于简化物理连接结构与传输路径设计。在具体应用中，此类传输方式通过时序控制机制将数据有序地进行排列与传递，从而有效减少传输线路数量并降低系统建设与维护成本。尽管其在单位时间内的传输速率相对较低，且需配置串并转换模块以实现与其他系统的兼容性，但其在远距离数据传输中的适应性和可靠性表现突出。基于信道资源的高效利用，串行传输能够降低外部干扰对数据质量的影响，从而提升整体通信过程的稳定性。随着传输协议与硬件技术的持续优化，串行传输在广域通信及复杂系统连接中展现出良好的发展潜力与实际价值。

2. 异步传输与同步传输

（1）异步传输

异步传输以字符为单位进行传输，不论字符的具体长度如何，每个字符都通过添加“起”信号和“止”信号来实现基本的同步控制。起信号通常为一个码元，极性为“0”，表示开始传输，而止信号则为 1 或 2 个码元，极性为“1”，用于标志字符的结束。通过这种方式，异步传输无须对收发双方的时钟信号进行严格同步，因而其实现相对简单。然而，由于每个字符都需额外附加起止信号，这一机制会在一定程度上降低传输效率，因此异步传输通常适用于传输速率较低的场合，如键盘输入或低速打印设备。

（2）同步传输

同步传输依赖于严格的时钟同步，数据的传输基于同步的时钟信号，以组或帧为单位发送数据。在一个同步的数据流中，信号码元之间的相对位置保持固定，接收端须通过建立准确的时钟信号来区分码元之间的界限。在同步传输中，数据块的传输通常通过特定的控制字符或同步序列进行识别和管理，这显著提高了传输效率。面向字符的同步传输方式中，数据被看作是由 8 位字符组成的序列，所有的控制信息都以字符的形式表示。每帧数据以同步字符（SYN）开始，接收装置一旦识别到 SYN 字符，即可得知数据块的开始，并在帧结束时通过后同步字符来标志传输的终止。在这种方式下，接收装置不断寻找新的同步字符，以保证数据块的连续传输与处理。

3. 基带传输、频带传输与宽带传输

（1）基带传输

基带传输是一种以数字信号为载体的直接传输方式，其主要特征在于信号不经调制，直接占用传输介质的整个频带资源。在实际操作中，基带信号以脉冲形式展现，其频谱范围通常从直流开始，向上延伸至较高频率，具体取决于码率和码型特征。该传输方式由于结构简单、实现便捷，广泛应用于物理距离有限的通信环境中，尤其适合用于对抗信道噪声干扰能力要求不高的系统。信号的码元形态具有多样性，不同的脉冲形状对系统的频谱特性和传输性能具有显著影响。基带信号的随机性体现了数据在时间轴上的非确定性，反映了其在数字通信系统中对时域与频域特性的双重考量。

（2）频带传输

频带传输以调制技术为基础，通过改变载波信号的频率、相位或振幅等参数，将基带信号嵌入其中，实现信号在远距离传输环境下的有效传播。该方式通过调制—传输—解调的过程完成数据的有序传递，有效克服了信道传输损耗和频率限制带来的不利影响。频带传输系统能够适应复杂的传输环境，提升信号在长距离传输过程中的抗干扰能力与信号完整性。相较于基带系统，其在频谱利用、系统容量和信号保真度方面具有较大优势。因此，在对传输质量与稳定性有较高要求的场景中，频带传输构成了通信系统的关键支撑形式。

（3）宽带传输

宽带传输是在模拟信号基础上拓展传输容量的一种通信方式，其核心在于将传输介质划分为多个可独立工作的信道，分别承载不同类型的信息。这一特性使得系统能够实现多种数据类型的同步传输，提升了信息承载能力和整体传输效率。宽带系统利用大频宽支持高数据速率传输，满足现代通信对带宽与速度的双重需求。其采用的同轴电缆等介质具备良好的频率响应能力，有助于实现信息的高速、稳定传送。在局域网等应用场景中，宽带系统通过逻辑信道划分方式提升了资源利用效率，为多业务融合提供了技术基础和运行保障。

（二）数据通信指标

数据通信的指标是围绕传输的有效性和可靠性来制定的。这些主要质量指标有：

1. 工作速率

（1）符号速率

符号速率又称为信号速率，记为 N，表示单位时间内（每秒）信道上实际传输的符号个数或脉冲个数（可以是多进制）。符号速率的单位是波特，即每秒的符号个数。

（2）信息传输速率

信息传输速率简称传信率，通常记为 R。它表示单位时间内系统传输（或信源发出）的信息量，即二进制码元数。在二进制通信系统中，信息传输速率（比特/秒）等于信号速率。对于多进制两者不相等。例如：四进制中符号速率为 2400 B/s，其信息速率为 4800 B/s；而八进制的信息速率为 7200 B/s。

2. 频带利用率

在比较不同通信系统的效率时，单看它们的信息传输速率是不够的，或者说，即使两个系统的信息速率相同，它们的效率也可能不同，所以还要看传输这样的信息所占的频带。通信系统占用的频带越宽，传输信息的能力应该越大。在通常情况下，可以认为二者成比例，用单位频带内的符号速率描述系统的传输效率，即每赫的波特数 η=符号速率。

3. 可靠性

可靠性可用差错率来表示。常用的差错率指标有平均误码率、平均误字率、平均误码组率等。误码（字符、码组）是接收出现差错的比特（字符、码组）数。差错率是一个统计平均值，因此，在测试或统计时，总的发送比特（字符、码组）数应达到一定的数量，否则得出的结果将失去意义。

（三）信道

信道是指由有线或无线电线路提供的信号通道。信道的作用是传输信号，它提供一段频带让信号通过。

1. 广义信道

广义信道除包括传输媒介外，还可包括有关的转换器，如馈线、天线、调制器、解调器等。在讨论通信的一般原理时，常指广义信道。广义信道分为调制信道和编码信道。

①调制信道。调制信道是从研究调制与解调的基本问题出发而构成的，它的范围是从调制器输出端到解调器输入端，从调制和解调的角度来看，一般只关心调制器输出的信号形式和解调器输入信号与噪声的最终特性，并不关心信号的中间变化过程。因此，定义调制信道便于研究信号的调制与解调问题。

②编码信道。在数字通信系统中，如果仅着眼于编码和译码问题，则可得到另一种广义信道——编码信道。这是因为，从编码和译码的角度看，编码器的输出仍是某一数字序列，而译码器输入同样也是一数字序列，它们在一般情况下是

相同的数字序列。因此，从编码器输出端到译码器输入端的所有转换器及传输媒质可用一个完成数字序列变换的方框加以概括，此方框称为编码信道。

2. 狭义信道

通常将仅指信号传输媒介的信道称为狭义信道。目前采用的接在发端设备和收端设备中间的传输媒介，即狭义通道有架空明线、电缆、光导纤维（光缆）、中长波地表波传播、超短波及微波视距传播（含卫星中继）、短波电离层反射、超短波流星余迹散射、对流层散射、电离层散射、超短波超视距绕射、波导传播、光波视距传播等。狭义信道通常按具体媒介的不同类型可分为有线信道和无线信道。

①有线信道。有线信道是指传输媒介为明线、对称电缆、同轴电缆、光缆及波导等一类能够看得见的媒介。有线信道是现代通信网中最常用的信道之一，如对称电缆（又称电话电缆）广泛应用于（市内）近程传输。

②无线信道。无线信道的传输媒质比较多，它包括短波电离层反射、对流层散射等。可以这样认为，凡不属有线信道的媒质均为无线信道的媒质。无线信道的传输特性没有有线信道的传输特性稳定和可靠，但无线信道具有方便、灵活、通信者可移动等优点。

（四）数据交换

数据交换指在多个数据终端设备（DTE）之间，为任意两个终端设备建立数据通信临时互联通路的过程。数据交换主要可分为线路交换、报文交换和分组交换三种方式。

1. 线路交换

线路交换，又称电路交换，是一种通过在网络节点间建立专用通信线路的方式进行数据传输的系统，其原理与电话交换相类似。该系统通过节点间的物理连接序列，在两个站点之间创建专用通道。在传输数据之前，必须通过发送连接请求，在站点和节点之间建立点到点的物理线路连接。整个过程中，交换机分配一个专用通道，确保通信的稳定性和连贯性。数据传输通常为全双工模式，支持双向传输。当通信结束后，建立的物理通道会被拆除，以释放占用的资源。

线路交换的优势主要体现在三个方面：①传输时延较小，且在一次连接过程中时延固定不变，保障了通信的及时性；②线路交换的传输过程“透明”，交换机不对数据进行额外处理，如存储、分析或格式化处理，使得通信双方可以灵活选择信息编码方式和信息格式，不受网络限制；③线路交换系统保证了通信的高效性和一致性，符合有特定需求的传输环境。

2. 报文交换

报文交换的核心机制是，当发送方的信息到达报文交换设备时，数据首先被存储在外部存储器中，随后由中央处理器解析报文的报头，以确定传输路径，并在相应的输出线路上进行排队等待。当线路空闲时，报文会从存储器中被取出并传输。这一处理方式无须在两个站点之间建立专用通道，因此提高了线路的利用率。

在报文交换中，发送站点只需将目标站点的地址附加到要发送的报文上，网络便会将报文从一个节点传输到另一个节点，直到最终到达目标站点。在此过程中，报文可能会经过多个节点，每个节点都具备存储功能，以便缓存报文，等待下一步转发。每个节点的延迟时间取决于接收报文的时间、等待队列中的排队时间以及重传到下一个节点所需的时间。节点通常为通用的小型计算机，具备足够的存储能力来处理这些报文的暂存和转发。

报文交换的优点体现在三个方面：①实现不同类型终端之间的通信，这是因为报文交换通过存储再转发的方式来传输数据，避免了终端间的兼容性问题；②报文交换的线路利用率较高，因为它没有电路接续过程，能够实现线路的多路复用；③由于报文交换无须呼叫建立连接，用户可以直接发送数据，避免了呼损现象，节省了终端操作的时间。

3. 分组交换

分组交换作为一种典型的存储转发交换方式，通过对数据报文进行划分，将其分解为若干长度受限的分组单元，从而以分组为基本单位完成在网络节点中的存储与转发操作。与报文交换相比，分组交换在传输数据时引入了对数据长度的限制，使得信息处理过程更具规范性和高效性。固定格式的分组设计便于通信节点进行快速的处理和转发，有效提升了整体网络的运行效率与稳定性，适应了现代通信系统对高效与灵活性的双重要求。

分组交换的优点体现在三个方面：①提供一种高度灵活的通信环境，能够支持在终端参数各异的条件下实现互联互通，满足不同速率、不同编码方式和多样化通信协议的实际需求。②在网络负载较轻的情境下，分组交换具有较低的信息传输时延，且时延波动较小，有助于保障通信的连续性与质量。此外，该方式还支持线路的动态统计复用，显著提高了通信资源的使用效率，优化了网络带宽的分配结构。③从系统经济性角度看，分组交换对交换设备的存储容量要求较低，既减少了硬件成本，又在通信费用上展现出较强的节约性。

二、楼宇卫星通信系统

卫星通信系统是智能楼宇通信网的一个组成部分，卫星通信实际上是微波中继技术与空间技术的结合，它把微波中继站设在卫星上（称为转发器），终端站设在地球上（称为地球站），形成中继距离（地球站至卫星）长达几千千米乃至几万千米的传输线路。楼宇数字卫星通信系统一般指的就是甚小口径卫星终端站（VSAT）。

VSAT 卫星通信系统，也被称为卫星小数据站或个人地球站，是一种全数字化的卫星通信系统，其主要特点在于天线口径较小，通常为 1.2~2.4 m。VSAT 系统通过其用户数据终端，可与计算机联网，实现数据传递、文件交换及图像传输等多种通信功能，尤其在远距离通信中表现出色，能够有效避免地面通信中断所带来的影响。因此，VSAT 系统被广泛用于专用远距离通信领域。

（一）VSAT 系统的工作原理

VSAT 系统根据工作原理可以分为三种不同的网络类型：以数据传输为主的星状网、以语音传输为主的网状网以及点到点的固定信道。其中，星状网最为常见，其结构由 VSAT 和中枢站通过卫星连接而成。在此网络中，中枢站的发射功率较高，接收信道的品质因数也较大；相对而言，VSAT 的发射功率较低，接收信道的品质因数较小。因此，VSAT 可以通过卫星与中枢站通信，但 VSAT 之间无法直接通过卫星通信，只能采用“双跳”方式进行互通，即信号从一个 VSAT 通过卫星传送到中枢站，然后再经由中枢站通过卫星传回另一 VSAT。

VSAT 系统的通信过程分为两部分：入中枢站传输和出中枢站传输。入中枢站传输指 VSAT 通过卫星将信号传输至中枢站，这一过程采用随机接入和时分多址（RA/TDMA）技术，即不同时间段内的通信占用不同的信道。出中枢站传输则指中枢站通过卫星向 VSAT 传送信号，采用的是时分复用（TDM）技术。VSAT 的数据分组是以随机方式发送的，数据通过卫星延时传输到中枢站，随后中枢站对接收到的数据分组进行处理。如果数据没有错误，中枢站通过 TDM 信道发出应答信号；若数据出错，中枢站则不发送应答信号，VSAT 在未收到应答信号的情况下会重新发送数据。

VSAT 系统的发展趋势是通过在网络内部建立多个虚拟子网，或者将多个小型网络整合为一个大型的综合通信网络。各个虚拟子网可以服务于不同的业务或行政部门。随着数据、音频和视频广播以及计算机宽带交互接入等业务需求的不断增加，VSAT 系统的宽带化成为未来发展的主要方向。宽带数据广播、宽带多址接入、卫星通信规程、宽带虚拟子网的实现以及网络综合管理是推动 VSAT 系统宽带化的关键技术。这些技术的发展不仅能够提升通信效率，还能为更广泛的应用场景提供支持。

（二）VSAT 系统的构成与核心技术

VSAT 系统的核心构成包括通信卫星、中枢站及大量 VSAT 站点。通信卫星作为信号中转站，负责接收和转发来自地球的信号，确保信号的有效传输。中枢站的设计和功能与一般的地球站相似，然而中枢站通常配有一个网络管理中心，以便对整个 VSAT 网络进行监管和维护。中枢站通常与多个信息中心及大型数据库相连接，以支持金融、商业及新闻等领域的通信需求。中枢站的高标准设备配置不仅提升了系统的整体性能，还简化了 VSAT 站点的设备设计，从而降低了系统总成本，使其具有更高的性能价格比。

VSAT 站点一般由三部分组成：小型天线、室外单元（ODU）和室内单元（IDU）。每个站点具备语音功能，可以通过该系统进行通话。借助 VSAT，用户能够通过小站与主控站实现电话通信。为实现卫星通信中的语言和图像传输，模拟信号必须首先通过 A/D 转换，转变为数字信号。这些数字信号与其他需要传输的数据信号通过时分多路复用处理成数字基带信号，随后进行调制，经卫星传输后在接收端进行解调，再通过多路分离提取单路数字信号。对于需要还原为模拟信号的数据，系统通过 D/A 转换完成信号的恢复。

在 VSAT 系统中，语音信号的编码方式主要有连续可变斜率增量调制（CVSL）和自适应差分脉宽调制（ADPCM），并采用时分多路复用技术。CVSL

方式通过在每个音节时间内提取信号的平均斜率，使量阶根据斜率变化而连续调整，从而保证语音信号的稳定性，不会出现突变现象。

对于数据传输，VSAT 系统的特点是非实时性，通常利用通信空隙时间进行间断性传输。数据传输是计算机与计算机或人与计算机之间的通信，数据的传输准确性和可靠性尤为重要。由于干扰等因素可能导致数据传输中的误差，数据的接收和处理需依赖机器进行识别和校正，无法依赖人工完成。因此，VSAT 系统在数据传输过程中对准确性和可靠性的要求较高。

第三节　智能建筑的安全技术防范系统

一、安全技术防范系统的结构模式

安全技术防范系统的结构模式是指系统的管理控制结构模式，分为集成式、综合式、组合式三种。

（一）集成式安全技术防范系统

集成式安全技术防范系统作为一种高标准的安全管理模式，随着智能建筑的日益推广，逐渐成为安全技术防范系统工程中不可或缺的一部分。该系统通过高度集成化的设计理念，朝着开放型和网络化的方向不断发展，以提升整体安全防护能力。

第一，设立安全防范系统中央监控室，有助于实现各类子系统之间的统一协调。通过集中部署通信平台与管理软件，能够有效整合各子系统的运行数据与控制指令，构建信息集成与自动化管理体系。这种集中化管理不仅优化了资源配置效率，也显著增强了系统整体的安全性与运行的连续性。

第二，中央监控室承担着对各子系统状态进行持续监测与动态控制的核心职责。实时记录并显示系统运行信息与报警数据，不仅提升了管理的直观性，也为后期数据分析和风险预判提供了可靠依据。在此基础上，构建规范的数据管理机制能够强化系统运维的科学性与透明性，提高对突发情况的应对能力。

第三，信息传输系统的构建应以有线方式为主，结合无线传输方式，确保数据传递的稳定性与灵活性。中央监控室需要对整体信息传输链路进行定期检测，保障通信网络畅通，并在重点区域配置无线通信模块与紧急报警装置，从而有效提升在特殊情况下的信息传输效率与应急处置能力。

第四，系统设计应具有良好的集成与扩展能力，预留多种输入输出接口以便各子系统接入，实现统一管理。同时，通过与外部公安报警系统建立通信接口，可进一步拓展管理层级，实现更高层次的联动控制。这一结构安排不仅提升了系统的兼容性，也强化了其应对复杂环境的适应性与整体防范效能。

（二）综合式安全技术防范系统

综合式安全技术防范系统是一种集成化管理与控制机制，通过综合性的设计提升了安全防范的整体效能。具体如下：

第一，设置安全防范系统中央监控室。通过统一的通信平台与管理软件，中央监控室的设备与各子系统设备实现联网。这种联网方式使得中央控制室能够对整个系统进行信息集成，进而实现集中管理与控制，从而增强了安全防范的系统性与有效性。

第二，对各子系统的运行状态进行持续监测和控制。监测内容包括系统运行状况、报警信息等，相关数据须被记录与显示，以便于后续的分析与评估。这一过程确保了系统在异常情况下能够迅速响应并采取必要措施，提升了安全防范的主动性和灵活性。

第三，建立以有线传输为主、无线传输为辅的信息传输系统。中央监控室应具备对信息传输系统的检测能力，并与所有重要部位保持无线通信联系。同时，系统中须设置紧急报警系统，以确保在发生安全事件时能及时发出警报并启动应急预案。

第四，在系统设计中，应预留多个数据输入和输出接口，以便连接各安全防范子系统的管理计算机。此外，系统应具备向外部公安报警中心联网的通信接口，以增强信息共享与应急响应的能力。通过这样的设计，综合式安全技术防范系统不仅提高了安全管理的效率，也为安全事件的快速处理提供了支持。

（三）组合式安全技术防范系统

组合式安全技术防范系统是一种将多种子系统有效组合以提升整体安全性能的管理模式。具体如下：

第一，设置安全技术防范管理中心（值班室），各个子系统分别单独设置，统一管理。

第二，各个子系统能单独对运行状况进行监测和控制，并提供可靠的监测数据和报警信息。

第三，各个子系统对系统运行状况和重要报警信息进行记录，并向管理中心提供决策所需的主要信息。

第四，设置紧急报警装置，留有向公安报警中心报警的通信接口。

二、安全技术防范系统的主要构成

安全技术防范系统的主要构成是保障人身和财产安全的基础，涵盖多个子系统，具体包括入侵报警子系统、电视监控子系统、出/入口控制子系统、防爆安全检查子系统、巡更子系统、停车库（场）管理子系统以及其他相关子系统。

第一，入侵报警子系统。入侵报警子系统在建筑物的安全技术防范管理中占据核心地位。该子系统旨在对设防区域内的非法入侵、盗窃、破坏及抢劫等行为进行实时探测与报警。其报警复核功能能够有效减少误报，确保报警信息的准确性与有效性，从而提高安全管理的可靠性。

第二，电视监控子系统。电视监控子系统的设计是为了满足特定场所、部位及通道的实时监控需求。该系统能够实现视频探测、监视、传输、显示及记录等多项功能，并具备报警和图像复核的能力。这一子系统的有效运作不仅有助于监控特定区域的安全状况，还能够为后续的事件调查提供重要的视觉证据。

第三，出/入口控制子系统。出/入口控制子系统则承担着对建筑物各类出入通道的实时管理与控制。该系统根据不同的通行对象及其准入级别实施相应的控制，并具备报警功能。其与火灾自动报警系统的联动设计，能够在紧急情况下迅速响应，为安全管理提供有效保障。

第四，防爆安全检查子系统。防爆安全检查子系统的重要性日益凸显。该子系统的设立依据各类建筑物的安全管理要求，尤其是特殊区域的防护需求，旨在预防爆炸事故的发生。这一子系统通过对潜在危险源的监控与防范，提升了建筑物的整体安全性。

第五，巡更子系统。巡更子系统通过预先编制的保安人员巡更程序，对保安人员的工作状态进行监督与记录。该系统能够及时报警以应对意外情况，确保安全巡逻的规范性与有效性，从而增强安全防范措施的落实。

第六，停车库（场）管理子系统。停车库（场）管理子系统则针对停车库（场）的车辆通行管理进行全面的控制与监视，包括出入控制、行车信号要求、停车计费及汽车防盗报警等。这一子系统的有效管理不仅提升了停车安全性，也优化了停车资源的使用效率。

其他子系统如安全信息广播系统、重要仓储库安全防范系统、高安全实体防护系统及访客警示系统等，均是为满足特定安全技术防范管理需求而设置的。这些子系统通过各自独特的功能，进一步增强了整体安全防范体系的效能，确保各类安全隐患得到及时有效的应对与管理。

三、安全技术防范系统的构建要求

第一，系统防护级别须与被防护对象风险等级相匹配。高级别安全防护措施的采用，旨在确保高风险对象的安全，此举基于安全性考量。若低风险防护措施应用于高风险对象，其安全性将无法得到充分保障，易引发危险或损失；反之，若高级别防护措施过度应用于低风险对象，虽能实现高安全性，但存在“过度配置”问题，既在性能匹配上非最优，又在成本上造成浪费。因此，系统防护级别的设定应合理对应被防护对象的风险等级。

第二，技防、物防与人防应科学整合，实现系统间的协同与高效联动。三者作为安全防范体系的核心构成，在功能定位上各具特点，在作用机制上相互补充，应充分发挥其整体协同效能。技术手段能够实现早期识别与精准预警，物理防护强化阻断能力，人力因素则在动态识别与应急响应中发挥关键作用。若单一强化其中某一要素，易造成系统防控链条断裂，从而降低整体安全效能。因此，应注重系统内部各要素间的有机配合，特别是在探测、延迟与反应三个环节之间建立高效闭环，确保探测后能迅速响应，并在有效延迟期内完成处置任务。如此方可形成反应迅速、防护严密、运行稳定的安全防范体系。

第三，系统建设须注重纵深防护、均衡部署与抗易损能力，三者缺一不可。安全防范系统不仅要具备多层次的防护结构，还应确保各防护层次在功能性、覆盖度与运行稳定性上的协调一致，避免出现薄弱区域，削弱整体防护能力。系统设计应提升各类设备与关键节点的可靠性，降低易损性和故障率，以保障持续高效运行。此外，系统的整体规划应围绕纵深分布展开，形成由外至内的多重防护布局，从而提升安全冗余度与系统韧性。通过强化抗风险能力、优化资源配置与科学布局，可显著增强系统应对突发事件的综合防控水平。

第四，系统须确保安全性和电磁兼容性。在系统设计中，应关注信息资源共享、信息安全保障及电磁兼容性问题的解决。针对不同应用、网络通信环境，系统应采取相应措施，如建立系统安全机制、增强防破坏能力、实施数据存取权限控制等。同时，系统设备及器材的安全应符合国家标准要求，具备自检功能和防并接负载报警功能，并在多设备同时运行时保持稳定工作。

第五，系统须具备可靠性和易于维修。可靠性包括耐久性和准确性，耐久性指产品在规定条件、时间内无失效工作的能力。频繁故障易导致漏报，单一技术探测设备可能忽略部分信息，同样产生漏报。采用多种技术探测设备有助于提高系统可靠性。误报是技防设备常见问题，会降低系统可靠性，甚至引发人员对安防预警的麻痹、懈怠心理。因此，系统设置应考虑各种干扰因素，减少误报，避免漏报。设备故障虽难以完全避免，但应易于维修，以减少失效工作时间。

第六，系统须保持先进性和扩展性。系统设计应采用先进理念、技术和方法，既反映当前先进水平，又具备发展潜力。为此，系统设计应满足不断变化的需求，充分考虑未来发展，同时兼顾系统可扩展性。这样既可确保系统独立运行，又为新增设备预留设置空间，还为未来更大规模融合留有余地。

第七，系统须具备经济性和适用性。系统设计应根据用户现场环境，选用功能适用、符合用户要求的系统配置方案，通过严密的有机组合实现最佳性能价格比，既节约工程投资，又保证系统功能实现。安全防范不应严重干扰人们正常工作和生活。出/入口安全检查应简便快捷；监控设备设置不应妨碍交通，干扰和谐工作与生活环境；控制系统日常维护、管理操作界面应尽量直观、简便，对国内用户而言，应提供汉化界面，以便使用。

第四节　智能建筑的办公自动化系统

办公自动化（OA）是在设备、通信逐步实现自动化的基础上，通过管理信息系统（MIS）的发展而兴起的一门综合性技术。它是将计算机网络与现代化办公相结合的一种新型办公方式，它不仅可以实现办公事务的自动化处理，而且可以极大地提高个人或者群体办公事务的工作效率，为企业或部门机关的管理与决策提供科学的依据。随着计算机技术、网络技术的发展与普及，以及信息社会和知识社会等理念对现代管理的冲击，办公自动化系统正处于不断发展与变革之中①，目前已发展成为包括计算机、通信、声像识别、数值计算及管理等多种技术的综合系统。

一、办公自动化系统的主要组成

办公自动化系统是一个由硬件设备和软件系统相互协作的综合性系统。硬件设备包括各种计算机外围设备，例如扫描仪、打印机和绘图仪等，这些设备为信息的采集、处理和输出提供了物理支持。同时，办公自动化设备如传真机、复印机、数码速印机等，也在系统中发挥着重要的作用，它们能够提高办公效率和减少手动操作的复杂性。此外，现代办公自动化系统中的计算机通过网络连接，实现了信息的共享和跨地域、跨部门的协同工作，方便了对互联网的访问和各种资源的获取。

支持软件系统是办公自动化系统的核心，涵盖了为信息处理和管理提供技术支持的各类计算机程序。系统软件、应用软件及诊断和测试软件等是其主要组成部分，保证了系统的稳定运行和高效运作。通用工具软件包括数据库管理系统、文字处理软件、图形处理软件等，能够实现各类数据的存储、分析与展示。应用软件则根据不同的工作需求提供专业化服务，如财务管理、项目计划管理和会议管理等，它们为用户的日常管理工作提供了有效的技术支持和操作平台。这些硬件与软件的结合，使得办公自动化系统能够更好地提升工作效率，助力现代企业和机构的日常运营。

二、办公自动化系统的信息处理

办公自动化系统作为现代信息技术在办公领域的重要应用，其核心在于高

① 张郁芳. 浅谈智能建筑中办公自动化系统的设计［J］. 山西建筑，2007（31）：362.

效、准确地处理各类办公信息。该系统的基础设备主要包括图文数据处理设备和图文数据传输设备两大类，前者如计算机、打印机、复印机等，后者则涵盖图文传真机、程控交换机等通信设备。随着计算机科学与技术的飞速发展，一系列新兴技术设备，如扫描仪、数字图像处理系统、远程网络视频会议系统等，也逐渐融入办公自动化系统，极大地丰富了其功能与效率。

（一）信息的输入设备与技术

在办公自动化系统中，信息的输入是信息处理流程的起点。字符识别（OCR）技术作为关键的信息输入技术，能够实现对纸上印刷及打印文字字符的高效识别，并将识别结果以文本形式存储于计算机中。当前，OCR 技术支持多种语言文字的识别，显著提升了办公文档处理的效率与准确性。

OCR 技术的研究算法主要分为四大类：基于统计特征的分类识别、基于结构体特征的分类识别、基于人工神经网络的分类识别以及基于模糊数学的模糊识别。这些算法各有优势，共同推动了 OCR 技术的不断进步。通过 OCR 技术，不可编辑的纸质文档及图片得以转换为可编辑内容，为后续的文档处理、存储与检索提供了便利。在未来，随着纸质办公文件的持续存在，OCR 技术将继续发挥重要作用，进一步提升信息处理系统的工作效率。

（二）信息处理、复制、存储与检索

办公自动化系统在信息处理方面，已经整合了文字处理、数据分析、排版设计和通信技术，形成了一套成熟的技术体系。随着视频数据信息的处理、传输与显示技术不断发展，办公自动化系统的潜力进一步增强，特别是在图像存储、编辑、传输等领域，显著提升了办公效率。

在存储与检索领域，微型化存储器的进步使得信息存储变得更加高效。大容量存储与小巧体积的结合使得信息管理更加便捷。与此同时，知识管理与检索技术的快速发展预示着办公自动化系统将在信息管理上产生革命性变化，推动系统更加智能化。尽管音视频和图像等非结构化数据目前无法直接被计算机全面识别，相关技术的不断进步将有助于实现对这些数据的智能识别与监控。

远程网络视频会议系统作为办公自动化的重要组成部分，正逐步改变办公方式。它不仅能支持在办公室内的会议，还能够实现跨地域的远程办公，极大提升了工作灵活性和效率。这种灵活的办公方式为企业提供了更多的合作机会，打破了时间和空间的限制。

办公自动化系统的设备种类不断丰富，涵盖了计算机系统、打印机、传真机等基础设备，以及多媒体演播系统、远程视频会议系统和可视电话系统等先进设备。这些设备共同构成了现代高效的办公环境，推动了工作方式的创新，提升了办公效率，为企业提供了更加便捷的工作平台。

（三）通信设备与网络

在现代办公自动化系统中，通信设备与网络的建设起到了核心作用。通过构建完善的程控交换机综合通信网、微机局域网与远程网络，办公自动化系统能够有效支撑各种通信需求，如国际长途电话、传真、电子邮件及视频会议等。此类通信设备的集成不仅优化了信息传递的速度与质量，还提升了工作效率，促使办公环境的现代化。尤其是在企业或组织的跨地域办公环境中，强大的网络支持能够确保信息交流的畅通无阻，极大地增强了工作的协同效应和业务响应速度。因此，通信设备与网络的建设对于确保办公自动化系统高效运作、提高信息化水平至关重要。

（四）基础数据库管理

事务处理型办公自动化系统通常包括小型事务处理数据库及基础数据库，这些数据库保存着与主干业务相关的原始数据。基础数据库的作用不仅是为办公事务提供数据支持，还通过其高效的数据存储和检索能力，确保办公事务的顺利进行。数据的准确性、完整性与安全性是数据库管理的核心要素，确保了办公自动化系统的稳定性与可靠性。在信息化日益发展的今天，数据库的管理与维护显得尤为重要，其在保障系统正常运作、提高信息处理效率及保护数据安全方面具有不可忽视的作用。

（五）应用软件与技术支持

在办公自动化系统中，应用软件是处理各类办公事务的关键。文字处理软件、电子报表软件、小型关系数据库管理系统等应用软件，为文字处理、公文管理、档案管理、数据采集等提供了强大的支持。此外，信息管理软件的引入，进一步提升了办公自动化系统的信息处理能力。

办公事务处理需要提供具有通用性的应用软件包，以便提高办公效率。软件包内的不同应用程序之间应能够相互调用或共享数据，实现信息的无缝衔接。当前，电子排版、电子文档管理、信息检索、光学汉字识别和远程信息传输等多种办公自动化应用技术都已较为成熟，为办公自动化的普及与深化提供了有力的技术支持。

在公共服务与经营业务方面，办公自动化已逐步普及。订票、售票、购物、证券交易、银行储蓄等业务普遍依靠网络实现了自动化，极大地提高了服务效率与用户体验。

应用于办公自动化管理领域中的软件技术主要包括系统软件、支撑软件和应用软件。系统软件负责调度、监控和维护计算机系统，确保各硬件设备的协调工作；支撑软件则提供了软件开发与维护的环境与工具，支持各类软件的开发与升级；应用软件则是为了解决具体问题而编制的软件产品，可根据办公自动化领域中的特定任务进行定制与开发。

近年来，Quicker 软件等新型办公自动化软件的出现，为办公自动化带来了新的思路与方向。Quicker 软件以其丰富的动作库、全方位的触发方式以及积木式的动作设计，有效降低了键盘、鼠标的重复性操作，提高了办公效率。其思想促进了 Python 等编程语言的演化与发展，推动了办公自动化软件的个性化与智能化进程。Python 作为一种简单易学、功能强大的编程语言，不仅适用于编程开发，还可作为一种办公工具软件进行使用。它代表了办公自动化软件的个性化发展方向，为泛在智能的实现奠定了软件基础。通过 Python 等编程语言的应用，办公人员可以更加高效地处理机械、重复、任务量大的工作，进一步提升办公自动化的水平与效率。

第四章　智能建筑本体结构的设计与发展

在智慧城市加速推进的背景下，智能建筑作为其基础组成部分，正经历由传统建筑模式向集成化、信息化与系统化的深层次转型。本章围绕智能建筑本体结构的核心设计问题展开，从空间尺度、人居环境、功能需求到立面系统的动态演进，系统探讨智能建筑在智慧城市框架下的发展逻辑与技术路径。

第一节　智能建筑办公室净高与办公环境的设计

一、智能建筑办公室的净高设计

（一）智能建筑层高考量

智能建筑的空间设计过程中，层高问题是一个至关重要的设计要素。为了优化层高设计，需要综合考虑经济效益与空间使用的舒适性。适度降低层高可以有效减少不必要的建筑材料消耗，从而控制前期成本投入。与此同时，层高过低则可能导致心理压力增大，不利于长期舒适使用。因此，在满足基本功能的前提下，合理的层高有助于实现建筑内部空间的高效利用，不仅可以节省运营阶段的能源消耗，还能为使用者提供更为舒适的心理和生理环境，提升工作效率。

在智能建筑中，层高设计的复杂性尤为突出。相较于普通建筑，智能建筑涉及多种技术系统和设施的安装，如风道、监控系统、通信管线、排水系统、电力线路、暖通空调等，这些设备的合理布局要求更高的层高。为了确保各类管线系统之间的有效协调与运行，必须对综合性和系统性的数据进行分析与统一规划。通过明确各系统的走向，能够避免管线交错影响施工和后期维护，同时保证建筑空间的功能性和安全性。因此，智能建筑的层高通常会高于普通建筑，以满足其复杂的系统需求。基于实际设计需求，净高一般下限可定为 2.6 m，但对于智能建筑，可能需要更高的设计标准。

智能建筑的层高主要由三个方面组成，即使用功能对净高的要求、吊顶的空间尺寸和布线方式对层高的影响。

1. 使用功能的基本要求

建筑净高是指从地板到天花板之间的垂直距离，在建筑设计中起着至关重要的作用。智能建筑的设计要求高度灵活和适应性，因此对不同功能区域的净高要求也有所不同。建筑的使用功能直接影响到净高的设定，净高既要满足基本的结构功能需求，又要符合人类活动的舒适性和安全性要求。净高的合理设计不仅有助于提升空间的实际利用率，还能对使用者的生理和心理健康产生积极的影响，从而促进建筑空间的高效运转。

（1）办公室的净高要求

办公室作为日常工作活动的主要场所，其净高设计直接关系到空间的舒适性与工作效率，须综合考虑人体尺度、空气流通效率、自然采光与机电系统布局等因素。净高不足容易形成空间压迫感，影响心理舒适度与通风效率，进而降低工作效率与使用满意度；而净高过高则可能导致能源浪费、空间利用率下降及声环境控制难度增加。

在功能与能效的双重考量下，办公室的合理净高区间通常为 2.4～3.0 m，工程设计中以 2.6 m 为常用值。该高度区间可满足 100～500 m^2办公空间的使用需求，并在保持空间舒适度的同时实现建筑节能。对于面积较大的办公空间，适当提高净高至 2.8 m 或 3.0 m，可有效缓解视觉压迫并优化自然通风与采光，从而减少对人工照明与空调系统的依赖。

（2）会议室的净高要求

会议室作为智能建筑中的专用功能区，其净高设计需要考虑到多媒体设备的安装及会议功能的实现。通常会议室的使用密度较高，相较于办公室，会议室内的空气流通要求更为严格，尤其是在大规模会议或多媒体应用频繁的场合。因此，会议室的净高往往高于普通办公室，通常不低于 2.6 m，以确保空间内有足够的容积以供空气流动，减轻人员密集带来的不适感。

此外，会议室内的设备，如投影仪、远程会议系统等，均需要一定的空间高度以确保设备的正常运行。设备的布置高度与会议室的净高直接相关，在设计中应根据设备的尺寸和位置来确定合适的净高，以保证视觉和声学效果的最佳体验。合理的净高设置不仅能确保空间的舒适性，还能为会议过程中的信息传递和互动创造一个良好的环境。

（3）大堂及门厅的净高要求

大堂与门厅作为建筑物的核心入口和公共区域，其净高设计需要充分考虑建筑的整体形象和功能性。大堂不仅是人流集散的主要区域，也是建筑使用者和来访者对建筑空间的第一印象来源。因此，大堂的净高通常会高于其他功能区，以营造出开放、宽敞、通透的空间感受，从而提升建筑的档次和整体氛围。

一般来说，大堂和门厅的净高应为 3.5~4.0 m，这一高度能够有效满足人员流动的需求，同时给人以大气、庄重的空间体验。然而，设计过于奢华的大堂净高可能与办公楼的功能性相冲突，产生过度商业化的印象，削弱办公空间的专业性。因此，在设计大堂和门厅的净高时，需要在空间美学和功能性之间取得平衡，以确保建筑的内部氛围符合使用要求并体现建筑的智能化特点。

（4）走廊的净高要求

走廊作为建筑内部的交通要道，其净高设计主要基于通行的便捷性和安全性。走廊净高要求通常低于其他功能区标准，一般情况下净高不低于 2.1 m 即可满足通行需求。然而，走廊的长度与净高之间存在一定的关联性。对于长度超过 20 m 的走廊，净高应相应提高至 2.5~2.6 m，以避免空间压抑感，增强通行的舒适度。

走廊的净高设计还须考虑建筑物内部各类管线的布置，通常情况下，较大的管道和线路会通过走廊上方的吊顶来进行铺设。这种设计方式不仅可以有效利用走廊的垂直空间，还能确保建筑的系统运转顺畅，同时减少对其他功能区空间的占用。因此，合理的走廊净高设计能够为建筑的维护和管理提供便利，确保建筑内部各系统的协调运行。

不同使用功能对净高的要求具有差异性，净高设计不仅关系到空间的使用效果，还直接影响建筑的运营效率和使用者的身心健康。对于智能建筑而言，净高设计需要在空间功能性、系统设备布置、人员舒适度等多方面进行综合考量，以确保建筑空间能够充分满足各类使用需求。在设计过程中，净高的确定应以实际使用需求为导向，结合各类技术系统的复杂性，合理布置各类设备的走线和安装位置。对于智能建筑而言，净高设计的复杂性和多样性要求设计师在充分考虑技术系统的前提下，兼顾建筑的功能性和美观性。通过科学合理的净高设计，能够在提升建筑空间利用率的同时，确保建筑内部环境的舒适性和健康性，进而为使用者提供高效、舒适的工作和生活环境。

2. 确定吊顶的空间尺寸

吊顶的空间尺寸在建筑设计中扮演着关键角色，尤其在现代智能建筑中，吊顶不仅仅是空间美学的一部分，更是多种设备系统的容纳载体。吊顶内部的空间尺寸不仅涉及建筑结构的物理限制，还要统筹考虑空调系统、消防系统、照明系统以及自控系统等设备的安装需求。由此可见，吊顶空间尺寸的设计需要综合考虑多种因素，以确保各系统的正常运行，同时实现吊顶高度的最优化。

（1）梁高的控制

在吊顶空间的设计过程中，梁高是决定吊顶高度的主要因素之一。传统建筑普遍采用梁板结构体系，其梁高通常与跨度成比例，梁高的尺寸直接影响吊顶的整体高度。为了有效减少梁高占用的空间，智能建筑逐渐趋向采用新型结构体系，如无梁楼板和双向密肋结构。这些新结构形式能够在保障结构强度的前提下，减少梁高，从而为吊顶留出更多的空间。结合现代建筑技术的发展，预制叠合板的使用也日渐普及，这种方式通过减少梁的数量，进一步降低了建筑整体高度。这样的设计理念在满足吊顶内部设备安装需求的同时，也实现了建筑高度的优化。

（2）空调管的高度

空调系统作为智能建筑中不可或缺的部分，其管道的尺寸对吊顶空间有直接影响。根据单位换气量的计算，空调管道的截面尺寸通常可以通过增大宽度、减少高度的方式进行优化，以实现吊顶空间的合理利用。空调管道的布置一般遵循“宽高比”，在保持截面积不变的前提下，适当调节宽高比例，能够有效减少管道占用的垂直空间。此外，空调管道在布置过程中必须避免穿梁，一般将主干管道置于走廊吊顶内，而在大空间的办公区域则采用局部降低吊顶的方式，以便合理布置空调管道。这样的设计方式能够有效降低空调管道对吊顶高度的影响，并确保空调系统的高效运行。

（二）智能建筑的柱网布局

层高与柱网关系密切，在确定层高的同时，必然涉及柱网布置。柱子不仅承载着整个建筑的竖向荷载，与墙体共同构成稳固的支撑与维护体系，还扮演着划分和分隔空间的重要角色。柱网设计既是结构需要，也是功能的需要。合理的设计不仅会给使用带来方便，而且还能提高空间利用效率。

1. 自然采光对柱网的影响

在当代建筑设计中，自然采光的有效利用日益成为智能建筑的重要评价指标之一。随着全球对能源消耗和环境保护的关注加深，建筑师和设计师在规划智能建筑时，须深入考虑自然采光对柱网设计的影响。自然采光不仅能显著降低建筑内的电气照明需求，提升室内环境的舒适度和健康性，还对建筑的结构布局和功能配置提出了更高的要求。

自然采光设计的核心目标是最大化地利用光线，从而减少对人工照明的依赖。在智能建筑中，柱网的布局直接影响采光的分布和深度。柱网设计须兼顾美观与功能，合理的柱网间距和布局能够促进自然光的渗透，确保建筑内部空间获得足够的自然光照。这一设计理念不仅满足了节能的需求，同时也提升了使用者的工作和生活质量。

在柱网设计中，优化开窗面积显得尤为重要。为了更有效地采集自然光，建筑设计应着重考虑扩大开窗面积并提升窗户的透光性能。柱网的布局应确保窗户位置与数量的合理性，以促进光线的充分进入。科学配置窗户，可显著缩减室内光照不足区域，增强自然采光的有效渗透深度。此外，建筑层高的适当设计也将直接影响自然光的传播。较高的层高设计能降低光线遮挡，进而优化室内光照品质。

然而，柱网设计的进深尺寸是影响自然采光的重要因素。理论上，最理想的自然采光进深为 8.4 m，超出此范围，内部空间将难以有效利用自然光。实际工程中，柱网的进深不应过大，以确保每个空间单元都能获得足够的光照。因此，智能建筑设计时，应避免过大进深，以确保自然采光效率的提升。

在实际应用中，建筑师须充分考虑外部环境因素，如太阳高度角、天空照度及周围建筑物的遮挡情况。这些因素对建筑内光照的影响不可忽视，合理的设计方案应能够抵御这些不利条件，最大化自然光的使用效率。在办公空间设计中，合理的关灯距离通常设定在 5～6 m 之间，以确保即便在没有辅助采光设备的情况下，办公区域也能享有充足的自然光照。这种设计不仅有助于节约能源，还能通过引入适量的自然光，提高员工的工作效率和情绪，同时避免眩光的产生。

2. 办公单元对柱网的制约

在智能建筑的设计与规划中，办公单元的构成对柱网的布局与尺寸具有显著影响。办公单元通常指由若干个体或团队所共享的办公空间及其所需设施，其面积与配置随着办公需求的演变而不断变化。随着现代办公方式的多样化及自动化设备的普及，办公单元的规模及其所需的空间布局日益复杂化。

在传统办公环境中，单个员工的办公空间较为简单，通常仅须 3 m^2 的面积即可满足基本需求。随着信息技术的进步及办公设备的增多，现代办公单元的设计已逐渐转向更为宽敞的空间配置。现今，每个办公单元一般配备一张桌子、两把椅子、一台计算机、一部电话及其他办公设备，其所需的空间面积普遍在 12～15 m^2，边长为 3～4 m。

办公单元的面积大小及配置方式，对柱网的设计有直接且重要的影响。一个合理的柱网布局，不仅能够大幅提升空间的使用效率，还能营造出更加舒适且功能完备的工作环境。在确定柱网尺寸时，必须考虑到办公单元的规模及其内部设施的摆放方式，以确保最大限度地实现空间的有效利用。例如当办公单元内部设施密集且设备众多时，需适当调整柱网的间距与尺寸，以消除空间的拥挤感，并提升适应性。

柱网设计还须兼顾空间的灵活性与适应性，尤其在智能建筑中，办公环境的可变性高，使用者常需根据实际需求调整办公单元布局。因此，柱网的设计应留有足够的灵活性，允许后续的空间再配置与设备更换。这种灵活性不仅能提升建筑的使用效率，也能适应未来办公方式的变化，确保建筑在长期使用中的实用性和功能性。

3. 地下车库对柱网的要求

地下车库的柱网不仅须与地上结构系统协调统一，还应充分体现对车辆运行轨迹、停放尺寸以及安全间距的精确适配，进而保证其使用的高效性与安全性。

柱网设计的基本目标在于保障车辆停放的便利性与驾驶操作的灵活性。停车位的设计标准需结合车体长度、宽度与相邻障碍物的间距来科学确定，从而避免因柱网干扰或空间不足而影响正常使用。为实现高效的空间布局，柱与车位、车与墙体、车与车之间的最小净距应满足规范要求。合理的柱网尺寸应在保证车辆通行顺畅的同时，减少对车位数量的限制，提高整体车位利用率。

柱网的排布必须服务于车辆流线的组织。通过优化柱网间距及其在平面中的布局形式，可以有效降低车库内部交通冲突，提高通行效率，并减少潜在事故发生的风险。尤其是在高层建筑配建的地下车库中，采用大跨度柱网布局不仅提升了停车灵活度，也强化了空间的连续性与可塑性。

柱网设计还须统筹考虑机电系统的综合布局，包括空调管线、消防设备等关键设施的布置空间，应在柱网方案中预留合理位置，以便系统安装与后期维护的有序进行。因此，地下车库柱网设计既是空间组织的核心手段，也是建筑技术协调的关键环节。

二、智能建筑室内办公环境设计

（一）室内色彩搭配设计

智能建筑更关注对人的关怀，其室内色彩设计不仅更加注重室内环境色彩的视觉舒适性，而且还要与室内光照技术相配合，是光环境设计的一个分支。长期坐在计算机显示屏前的办公人员，由于眼前的作业区都是发光的反射体，当其视线移到别处，若看到的物体颜色过于强烈或过于阴暗，都会使眼睛受到刺激而导致疲劳，使人体在生理和心理上会因突然感到不适而产生不安定的情绪，影响工作效率。因此，在进行智能建筑的室内色彩设计时，大空间办公室的墙面、地面、吊顶以及门窗等部位的色彩应平衡，颜色的对比度应适中，避免过于刺眼，色泽选择则须柔和，不宜过于鲜艳夺目。

办公室内的色彩，均应与机具颜色、照明光色，以及家具、吸声挡板、围板等的色彩相协调，应以柔和基调为主，色相选择偏暖，同时确保有和谐的过渡色，从而避免视线转移时产生突兀感。对于休息区域的色彩可采用转换气氛的色彩，色调宜比较轻快，易于消除疲劳，令人愉悦。室内各部分的色彩要求，见表4–1。

表 4-1 智能建筑室内各部分的色彩要求

部位名称	色彩明度	反射率/%
地面	明度为 3~5 度，无彩色	6~20
墙面	明度为 7~8 度，色彩柔和	42~56
吊顶	明度为 9 度以下，色彩浅而明亮	72

（二）室内采光优化设计

在智能建筑设计中，室内采光设计作为优化空间环境的重要组成部分，既需要满足用户的视觉需求，又需在实现节能、提高室内环境舒适度方面发挥关键作用。有效的采光设计不仅能带来良好的视觉舒适度，还能通过精准控制光线的分布和强度，进一步提升室内环境的整体品质，减轻眼疲劳，提高工作效率，并有效节约能源。智能建筑采光设计所涉及的技术与策略，旨在最大化自然光的利用，同时在不利条件下通过人工照明加以补充，以实现理想的光环境。

智能建筑采光设计的核心理念之一是充分利用自然光，这不仅因为自然光是可持续能源的重要来源，而且它对于营造舒适空间氛围至关重要。例如某办公大楼通过大面积的落地窗和智能遮阳系统实现了良好的自然采光效果，而某图书馆则利用天窗和反射材料将自然光均匀引入室内，创造了明亮舒适的阅读环境。合理的自然采光设计可以减少对人工照明的依赖，降低能耗。然而，太阳光的强度和方向会随着一天中的时间和季节的变化而变化，这使得自然采光系统必须具备一定的动态调节能力。智能建筑通过自动调节装置，例如遮阳板、智能百叶窗等，可以根据外部光照条件灵活调整室内光线的进入量。这些系统能实时监测太阳的高度角和照度，灵活调控遮阳装置的开闭，有效防止眩光，同时确保室内光线分布均匀且舒适。在自然采光过程中，遮阳与采光的平衡是设计的关键挑战。阳光直射不仅会产生令人不适的眩光，还会增加室内温度，进而导致夏季空调负荷的上升。因此，智能建筑采光设计不仅要考虑光线的引入，还要通过有效的遮阳措施，降低因辐射热引发的能源消耗。现代智能建筑普遍采用自动遮阳系统，这些系统能够根据外部环境的变化自动调整位置，确保光线的适当进入，从而在保证室内光线舒适度的同时，减少冷却负荷。

在智能建筑中，光纤导光技术也是一种重要的采光方式。该系统利用建筑外部的采光罩高效捕获自然光，经由导光管道将光线引入室内。该技术不仅能够将光线引入无法直接采光的区域，还能通过分散光线，实现光照的均匀分布，避免传统采光方式中容易出现的局部光线过强或过弱的现象。光纤导光系统的应用，极大地拓宽了自然采光的适用范围，显著优化了室内的整体光照环境。

然而，自然采光在一些情况下可能无法完全满足室内的照明需求，尤其是在阴天、距离窗户较远或受到遮挡的区域。因此，智能建筑还须通过人工照明系统进行补充照明。智能照明系统融合了感应技术、光照调控技术与高效节能灯具，能依据室内光照状况及用户需求，智能调节照明亮度与开关时间。通过区域性和时间性的照明控制，智能照明系统可以在保障足够照明的前提下，进一步节约能源。这些系统能敏锐捕捉室内光照强度及人员活动动态，按需智能调控灯具的启闭与亮度，确保照明既精准又节能。

从照明方式上看，智能建筑的室内照明设计通常采用一般照明、局部照明和混合照明的组合方式。一般照明主要用于提供室内的基础光照，确保空间的整体明亮度；局部照明则用于特定区域的重点照明，如工作台、会议室等需要更高亮度的区域；混合照明结合了两者的优势，在提升局部照明效果的同时，避免由于亮度对比过大而带来的视觉不适。在混合照明系统中，间接照明作为一种有效的照明手段，通过光线的反射作用，使照明更加柔和，减少直接照射带来的不适感。

（三）室内热环境调控设计

室内热环境设计是建筑设计中的核心要素，它不仅直接关系到建筑空间中人员的热舒适度，而且对于提升能效水平至关重要。通过优化暖通空调系统和建筑设计，可以实现热舒适性与能效之间的有效平衡。热环境设计不仅涉及室内空气的温度控制，还包括空气湿度、风速和热辐射等多个维度的因素综合作用。现代建筑热环境的设计不仅依赖于传统的暖通空调系统，还需要通过合理的围护结构设计和智能控制系统来确保高效的能源利用和舒适的室内环境。这种设计的根本目标是在不依赖过度能源消耗的前提下，维持建筑内适宜的温度与湿度，保障居住者的热舒适性。

室内热舒适的核心概念是通过人体与周围环境之间的热交换来实现的。人体通过辐射、传导、对流和蒸发等多种方式与环境进行热量交换，因此，室内热环境的设计应从这些热交换机制出发，确保人体在不同活动场景下都能保持舒适的热平衡状态。温度是热舒适设计的核心要素之一。适宜的室内温度对于人体健康至关重要，国家规定冬季供暖温度应控制在16~24 ℃之间，而夏季空调温度标准值为22~28 ℃。此外，室内温度的舒适范围还受到建筑保温性能、空调系统调节能力以及自然通风系统优化的影响。建筑围护结构的设计决定了室内与外界的热交换速度，因此，墙体、屋顶和窗户的隔热性能对控制室内温度起到了至关重要的作用。高效的隔热材料能有效隔绝外部环境温度对室内的影响，减少冬季热量的无谓流失和夏季热量的过度侵入，从而显著降低空调和取暖系统的运行频率。

湿度是另一个影响热舒适感的重要因素。过高的湿度会降低汗液的蒸发速度，从而阻碍人体散热，引发不适感；而过低的湿度则可能导致干燥和不适。室内湿度的调控通常通过空调系统中的除湿功能以及建筑物的通风系统来实现。在一些气候条件较为极端的地区，智能加湿或除湿设备也常被整合进室内环境控制系统中，以精确调节空气湿度。据研究，维持室内湿度在40%~60%之间，不仅有助于创造一个舒适健康的居住环境，还能显著降低新冠病毒的感染率和死亡率。

风速在热环境设计中起到了至关重要的作用。适宜的空气流动不仅能通过对流有效传导热量，还能助力人体散热，从而进一步提升整体的舒适感受。在热环境设计中，空气流动的控制可以通过自然通风和机械通风两种方式来实现。自然通风主要依靠建筑设计中的开窗系统和空气流动路径的合理布局，使外部空气有效地进入室内并排出滞留的热空气。现代建筑常采用双层幕墙或其他动态通风系统，通过智能控制系统调节外层通风口的开合，在满足空气流通需求的同时保证建筑物的能效。而机械通风系统，特别是暖通空调（HVAC）系统，通过空气动力学原理加速空气的循环，确保室内空气的不断更新与流通。在一些大型或密闭的建筑空间中，空气循环设备被用来改善局部的空气质量与温度分布，通过对流风的形成来加速空气流通，改善热环境条件。

热辐射是另一个影响热舒适度的因素。人体不仅通过对流散发热量，也会通过辐射向周围较冷的物体或表面传递热量。为减少热辐射带来的不适感，建筑设计中需要特别注意高热反射材料的使用，尤其是在窗户和玻璃幕墙等暴露于太阳辐射的区域。这些材料可以反射大部分的太阳辐射能量，防止室内过热的同时减少空调系统的负荷。此外，地板辐射采暖系统作为一种较为舒适且节能的采暖方式，能够通过均匀的热辐射为房间提供温暖，而不会像传统暖气片那样造成局部温度过高或对流不均的问题。

为了实现高效的室内热环境设计，智能控制技术的引入成为不可或缺的一部分。现代智能建筑中，环境传感器和自动控制系统的结合使得室内热环境的调控更加精确和动态。传感器仿佛室内环境的守护神，时刻监控着温度、湿度、风速及辐射水平，精准捕捉每一丝变化，并将这些指标数据实时反馈给中央控制系统，中央系统则根据设定的舒适度参数自动调节暖通空调设备、遮阳系统和通风系统的运行状态。这种调控模式，依托实时数据反馈的智慧，不仅让室内环境更加宜人，更实现了建筑能源利用效率的大幅跃升。例如：当室外温度适宜时，控制系统可以优先开启自然通风模式，减少空调系统的使用，节省能源；而当太阳辐射过强时，自动遮阳系统会立即响应，降低太阳辐射对室内温度的影响。

此外，热环境设计中的另一个重要方向是可持续性和节能性。在节能建筑设计中，除了通过隔热、遮阳和通风等手段降低空调和采暖设备的负荷外，太阳能技术的利用也是一大亮点。太阳能光热系统如同大自然的能量转换器，巧妙地将阳光转化为温暖的热能，用于供暖或供应生活热水，而这些系统往往可以与智能控制系统相结合，根据日照强度和室内需求动态调节供能模式。这样既能够有效降低建筑的能源消耗，又能减少对传统能源的依赖。

（四）室内声环境改善设计

室内声环境主要是研究室内环境中的音质效果和噪声控制两部分内容，但音质效果对于智能建筑室内声环境而言并非主要问题，其主要问题是噪声控制。

在智能化办公室内有各种噪声源，噪声的出现和传播不仅使人们心烦意乱，搅扰人们的思想情绪，降低工作效率，而且长期生活或工作在受噪声污染的环境之中还会导致人们生理和心理上出现病态症状。因此，智能建筑针对噪声制定了相应的控制标准，具体参见表 4-2。

表 4-2　智能建筑内各类房间的噪声控制标准

房间名称	理想噪声值/dB	最大值/dB
大空间办公室、大会议室	30	40

续表

房间名称	理想噪声值/dB	最大值/dB
个人办公室、接待室、小会议室	40	50
中型会议室、办公室	45	50
制图室	50	60
打字室、电子计算机房、复印机室	60	65
其他非办公辅助用房	65	—

无论是什么样的房间，当它们的噪声值长期超过所允许的最大值时，就要考虑进行噪声控制。通常采用控制噪声源、隔声、吸声和消声的方法。控制噪声源，即在办公室环境中优选低噪声的设备与办公机具，例如配备低音量的电话蜂鸣器及微声键盘等。隔声是采用一些密度大的隔声材料，将传来的噪声反射回去；吸声则是采用一些轻质多孔的吸声材料，利用它们的孔隙将穿过的声能转化为热能，从而吸收噪声。如隔断采用双层双面、中填矿棉毡的石膏板隔声，地面铺设地毯吸声，顶棚采用矿棉吸声板等。对于靠近交通主干道的房间，须着重提升窗户与墙体的隔声效能，如采用广告牌遮挡、增设阳台隔音板等措施，有效隔绝交通噪声。

消声是指在空调管道上安装消声器、消声箱，在金属或较硬物体的接触边缘加设橡胶、塑料或黏性软质的垫层等。房间所在建筑的设备、机房、管道局部都应配合使用消声减振方法。

第二节　智能建筑的特殊功能及设计要求

一、设备室的功能与设计

设备室作为智能建筑中重要的功能空间，其设计与布局对建筑的整体运行和管理至关重要。设备室主要承担空调、安防、火灾控制、照明及管理信息的数据终端机等设备的集中管理和运作任务。因此，其环境要求必须十分严格，以确保各类设备的稳定性与安全性。

设备室的选址应远离电磁干扰源，例如变压器、发电机和雷达等，以避免干扰信号对设备正常工作的影响。此外，设备室的布置应避开潜在的水浸区域，确保其不受外界环境因素的影响，从而保障设备的安全性与长期稳定性。在环境控制方面，为了确保电子设备的正常运行和延长其使用寿命，设备室内的温度和湿度须维持在适宜的范围内。例如电子厂洁净车间的温度通常控制在 22～26 ℃之间，湿度则控制在 40%～60%之间。

设备室的面积和布局设计应根据工作站的数量进行合理计算。设备室的面积分配应充分满足当前使用需求，并预留足够的扩展空间，以灵活应对未来可能增加的工作站和设备需求，具体参见表 4-3。

表 4-3　设备室的面积

工作站数目/个	1～100	101～400	401～800	801～1200
设备室面积/m^2	14	38	75	112

在设备室的内部设计上，应合理安排主配线架、计算机终端及备用电压保护装置等设备。这些设备的布局须考虑到操作的便利性和设备的维护要求，确保操作人员能够方便地进行设备管理和维护。典型的设备室平面布置设计应强调空间的高效利用，通过合理摆放设备，避免空间浪费。

此外，设备室的进出通道应设定为便利、畅通，以保证在紧急情况下人员能够迅速疏散。同时，外部电缆的布置也须符合建筑设计规范，进入建筑的电缆在 15 m 内需要由建筑的内交换机终结，并提供欠电压保护，这就要求设备室应设在地下层或建筑的 1、2 层，且与建筑外墙的距离不应超过 15 m。此设计在确保设备室安全性的同时，还优化了维护与管理流程，进而显著提升了整体工作效率。

二、监控室的功能与设计

监控室在智能建筑的管理与安全系统中发挥着至关重要的作用，其设计与配置对保障建筑内部环境的安全与稳定至关重要。监控室通常配置各类监视及控制设备，包括火灾报警系统、消防控制设备、电梯运行监控系统、室内温湿度监控设备、紧急广播设备、安全监控设备及电源工作监控设备等。通过这些设备的协同运作，监控室能够实时监控建筑的安全状况，及时响应各类突发事件，从而维护建筑的安全与使用者的生命财产安全。

在环境要求方面，监控室须与周围房间进行有效的防火分隔，以降低火灾蔓延的风险，确保安全设备在危急时刻的正常运行。室内的照度应保持充足且均匀，光线不得直接照射在显示屏上，以防止产生眩光，这对于操作人员的工作效率和视觉舒适度具有重要影响。此外，温湿度的控制也是监控室设计中的一个重要考虑因素，适宜的温湿度不仅有助于设备的稳定运行，也能提升操作人员的工作环境质量。

监控室的空间布局宽敞，面积普遍介于50~80 m^2之间，并预留了足够的扩展空间，以备未来设备增设及技术迭代之需。监控室的设计应充分考虑到设备的配置与人员的工作流程，以确保监控系统能够高效灵活地应对各种情况。在选址方面，监控室可考虑置于地下层或首层，此布局能有效隔绝外界干扰，确保监控系统稳定运作。若将监控室与设备室合并设计，则可实现空间的合理利用与功能的集中管理，提高整体管理效率。

为确保监控室内的工作环境清洁，设计中应设有更换衣物和鞋子的缓冲室。这一设计不仅能够有效防止灰尘和污染物进入监控室，同时也为工作人员提供了一个良好的环境准备空间。此外，监控室内应配置符合人体工程学原理的工作站，以便操作人员长时间作业，减少疲劳，提升工作效率。

在智能建筑日益普及的背景下，监控室的功能也在不断演变，随着技术的进步，监控室的设备配置将更加智能化、网络化。集成先进的物联网技术后，监控室将能够实现对各类设备的远程监控与控制，从而提高管理的便利性和实时性，正如智能教室监控系统和工业自动化监控案例所示。未来，监控室将不仅限于传统的监控功能，还将集成大数据分析和人工智能技术，以实现对建筑运行状态的预测与优化管理。

三、电信间的功能与设计

电信间在现代建筑中发挥着至关重要的功能，是电缆在垂直及水平方向连接的关键节点，其设计与配置直接影响到建筑内部信息传输的效率与稳定性。电信间通常包括有源语音设备、数据通信设备、终端区和交叉连线等多种设施，为各种通信需求提供有力的支持。因此，对电信间的功能与设计进行深入探讨，具有重要的理论和实践意义。

电信间的功能主要体现在其作为信息传输的中枢角色。其通过有源语音设备和数据通信设备，实现了建筑内部不同区域之间的有效通信。终端区则是连接各种终端设备的接口，确保了数据和语音信息的顺畅传输。交叉连线则起到了信息路由的作用，使得不同来源的信息能够高效地传递到各个有需要的终端。这些功能的高效整合，不仅能够满足日常办公的通信需求，还能在紧急情况下为建筑内的人员提供快速、稳定的通信支持。

在设计方面，电信间的空间布局与功能分区需要充分考虑实际使用情况。根据建筑电气规定，电信间对于服务区域大于 900 m^2 的楼层尤为重要。建议按照每 900 m^2 的面积设置一个电信间，其使用面积不应小于 5 m^2，以满足楼层内信息点的管理需求。这一空间标准不仅能够容纳必要的设备，还确保了设备间的通行与维护，提升了使用的便利性。当电信间与工作区域的距离超过 90 m 时，必须增加电信间的数量，以确保通信信号的稳定性和传输的及时性。

为了最大化电信间的功能性，设计中应充分考虑其位置的选择。电信间最好设置于各楼层的中枢地带，便于电缆的高效接入与输出。此种布局不仅可以缩短电缆的敷设距离，降低信号衰减的风险，还能为后期的维护和设备更换提供便利。设置时还应考虑与强电配线间分开，以避免电磁干扰对电信设备性能的影响，确保通信系统的可靠性与稳定性。

此外，电信间的环境要求亦不可忽视。由于电信设备对环境条件的敏感性，电信间的温湿度应保持在一定的范围内，避免极端的温度和湿度对设备的影响。同时，为保障设备的安全稳定运行，电信间应配置高效的通风设施，确保室内空气持续流通，保持清新。此外，电信间内应设置必要的电源保护装置，确保电源的稳定供应，防止因电力波动导致设备故障。

第三节　智能建筑标准层与动态立面的设计

一、智能建筑标准层设计

由于一幢办公楼自身的功能较统一，内部空间规律性较强，标准层设计越来越重要。通常，标准层包括两部分，即核体部分与壳体部分。设计中，楼梯、电梯、设备辅助用房及管井等常被精心布局，形成竖向贯通的核心，与结构紧密配合，构成坚固的支撑体系，有效抵御强风和地震引起的侧移，此即核体之所在，而核体以外日常办公使用的部分则被称为壳体。

智能建筑的标准层大致也可分成两部分，其中壳体部分就是办公空间，而核体部分由服务空间、交通空间和设备空间组成。与普通办公楼标准层相比，智能建筑的标准层又有一些新的变化。

（一）智能建筑标准层的面积

智能建筑标准层的面积是评估空间组织效率与功能适配性的核心参数。其合理性不仅影响建筑空间的实际使用效果，还直接决定建筑的经济性和运营效率。在高层及超高层办公建筑中，标准层面积的确定须综合考虑结构体系、使用功能及设备集成等多方面因素。

标准层面积的合理性可通过平面利用率进行衡量。该比值是指有效使用面积与标准层总面积之间的比例，高平面利用率表明空间使用效率较高，有利于提高单位建筑面积的经济产出。然而，在实际设计中，平面利用率往往受到核体部分与结构布置的限制，若一味压缩这部分面积，可能对交通组织、设备布置及功能区分配造成不利影响，从而影响建筑性能。

一般而言，智能建筑标准层面积宜控制在 2000~2500 m^2范围内，此时平面利用率可达 70%~78%。若面积小于 1500 m^2或大于 3000 m^2，通常会导致利用率下降。面积过小会限制功能布置与设备配置，面积过大则可能引发采光、交通及消防等问题。因此，标准层面积的设定应在满足使用功能的前提下，合理控制结构与核体占比，确保建筑运行的协调与高效。

此外，建筑层数对标准层面积的使用效率也具有重要影响。随着层数的增加，垂直交通需求上升，核心筒及管井区所需面积相应扩大，从而影响净使用面积的比例。因此，在智能建筑设计中，须优化核体布局，协调交通、设备与办公空间的关系，以提升整体平面利用率和空间灵活性。

（二）智能建筑的核体与壳体

1. 核体部分设计

智能建筑的核心主要由服务空间、交通空间、技术空间三部分共同组成。其中，服务空间包括卫生间、开水间、储藏间等，交通空间包括电梯、楼梯、走廊等，技术空间包括一般设备管井、智能布线管井、设备用房等。它们是整个智能建筑的中枢部分，不但承担着大楼垂直交通运输的任务，而且大楼全部附属服务设施都集中在这里，各类管线、智能化布线系统也要通过它们实现层与层之间的连接。智能建筑设计的核心是标准层，而标准层设计的核心就是核体。核体的布局一般按照其在标准层中的位置可分为集中式、分散式和综合式三类，这些布局形式各具特点，适用于不同类型的建筑设计需求。

（1）集中式布局

集中式布局是将个体集中在标准层平面中独立成一个区域的形式。根据其所处位置，集中式布局可进一步细分为中心式、对称集中式、偏心集中式及独立集中式等多种类型。其中，中心式布局的核体位于标准层的中心，周围环绕着壳体部分。这种布局形式能够在建筑设计中实现壳体与核体部分的最充分接触，适合不同面积、形状以及纵横比的标准层平面。其灵活性使其能够满足各种功能需求、规模以及层数的布置要求，因此在实际工程设计中被广泛采用。中心式布局不仅提升了空间的使用效率，还能够有效地整合建筑的垂直交通系统，从而提高建筑的整体运行效率。

（2）分散式布局

分散式布局是在一个标准层平面中布置有两个或多个核体。这种布局形式尤其适合于宽敞的办公建筑空间。在分散式布局中，各个个体可以结合交通、防火分区的具体要求，合理布置电梯、楼梯、设备辅助用房及各种设备管井。这种分散式的安排不仅能够较好地满足防火与交通组织的要求，还能够为建筑的形态设计提供更多的自由度和可能性。分散式布局凭借对空间的精妙划分，促使不同功能区之间的过渡更为顺畅自然，从而显著增强了办公环境的灵活度与适应性。

（3）综合式布局

综合式布局是结合了不同环境、场地、层数、使用功能、结构及设备等因素的要求，在一个标准层平面中采用多种合体布局方式。综合式布局巧妙地融合了集中式与分散式的优势，使得建筑设计能够在功能性和美观性之间达成更佳的和谐统一。然而，综合式布局的设计也存在一定的挑战，若设计不当，可能导致使用与管理上的不便。因此，在实施综合式布局时，设计师须充分考虑空间的流动性和功能的合理性，以确保建筑在运营过程中的高效性。

2. 壳体部分设计

智能建筑的壳体部分不仅提供了空间的物理框架，还直接影响到建筑的功能性、舒适性及可持续性。该部分主要包含两种类型的房间：办公室和会议室。办公室以大空间布局，旨在打造开放灵活的工作环境；会议室则因需配置计算机、远程通信、视频会议等系统，成为专用功能室。壳体部分的设计必须充分考虑多种因素，以确保其在满足功能需求的同时，提供良好的使用体验。

在智能建筑中，办公室的设计应围绕使用者的工作习惯、交流方式及团队协作的需求进行合理规划。开放式的办公室布局能够促进员工之间的互动和合作，有助于信息的流通与共享。然而，设计者必须在开放性与隐私性之间找到平衡，以确保员工在进行集中工作时能够保持良好的专注力。此外，设计应兼顾不同职能部门的空间需求，确保各团队能依据其独特的工作特性，配置最为适宜的办公空间。

会议室的设计不仅要考虑其空间容量，还要关注设备的配置及其对会议效率的影响。现代会议室通常需要配备高科技的通信设施，以支持视频会议、远程协作等功能。在设计过程中，应考虑这些设备的布局，以确保其在使用时的便捷性与实用性。此外，会议室的声学设计同样至关重要，须有效隔绝外界噪声，创造一个安静的环境，以便与会人员能够高效沟通。

建筑的外形设计不仅影响其美观度，还对自然采光、通风和能源效率产生显著影响。例如通过合理设计建筑外表面形状，可以有效减少建筑能源消耗，实现建筑高效节能。此外，建筑表皮的材料选择、构件设计、通风设计和遮阳设计等均对节能性能产生重要影响。合理的外形设计能够最大限度地利用自然光，降低对人工照明的依赖，进而提升能源效率。因此，在进行壳体部分的设计时，设计师应综合考虑建筑的地理位置、周围环境及气候条件，以优化光照和通风效果，从而提高室内环境的舒适度。

选用高性能的建筑材料，不仅能够增强建筑的结构安全性，还能够提升其能效表现。例如采用优质的绝缘材料可以有效降低能耗，同时提升室内的舒适度与健康性。材料可持续性应成为设计的重要考量，旨在减少建筑生命周期中的环境足迹。

二、智能建筑动态立面设计

（一）动态日光反射系统

智能建筑设计中，动态日光反射系统作为一种重要的技术手段，通过反射隔热涂料和遮阳系统，有效利用自然光线，显著降低建筑能耗并提升室内环境的舒适度。该系统的核心理念在于通过高效的光线管理，实现阳光的优化利用，最大限度地提高建筑物的自然采光效果，同时减少对人工照明的依赖。动态日光反射系统的实现依赖于多种技术的整合，包括智能传感器、自动控制机制以及先进的反射材料。

在动态日光反射系统中，光线的反射和调节是关键操作。该系统通常由自动调节的反射面组成，这些反射面能够根据太阳的位置和强度的变化，实时调整其角度，从而有效地将自然光导入建筑内部。这些反射面能够选用多种材料，诸如高反射率金属及经过特殊处理的玻璃，以最大化地实现光线的漫反射效果。通过这种设计，建筑不仅能在不同时间段和季节内获取最佳的自然光照射，还能避免因直射光而造成的眩光和过热现象。

动态日光反射系统的智能化控制是其显著特征之一。系统集成了移动感应器和光照度传感器，能够根据用户的活动和外部光照条件自动调节室内照明水平。室外光线充足时，系统会智能调低人工照明强度，达到节能效果；而当自然光不足时，系统则会提升人工照明，确保室内光照需求得以满足。这种灵活的照明控制方式不仅优化了建筑的能源利用效率，还提高了用户的舒适感和满意度。

此外，动态日光反射系统在建筑立面设计中的应用，不仅体现在能耗的降低上，还通过动态光影效果的营造，显著提升了建筑的美观性和功能性。通过巧妙的光线管理，建筑外观可以展现出独特的光影效果，使建筑在不同时间段呈现出变化的视觉感受。这种设计理念充分体现了现代建筑的生态美学，强调了人与自然之间的和谐关系。

动态日光反射系统还具有良好的适应性。该系统可以根据不同建筑的具体需求和地理位置，灵活设计和配置。例如：在阳光明媚的地区，反射系统的设计可以更加主动，以增强光线的引入效果；而在光照不足的地区，则可适当调整反射角度，最大化地利用自然光资源。此外，动态日光反射系统还可以与其他可持续设计措施相结合，如自然通风系统和热回收系统，进一步提高建筑的整体性能。

(二) 动态遮阳系统设计

1. 附加动态遮阳系统

附加动态遮阳系统作为现代建筑环境控制策略的重要组成部分，具有较高的适应性与技术灵活性。该系统通过对太阳辐射路径的动态响应，克服了传统固定遮阳方式在光照调节与空间利用方面的限制，从而实现遮阳、采光与视野之间的协调统一。相较于固定装置，动态遮阳系统能够依据太阳高度角及方位角的变化进行实时调整，从而有效优化建筑表皮对自然光的管理，提高建筑内部的光环境质量与热环境控制能力。

附加动态遮阳系统核心运作机制依托于智能感应与自动控制系统，常由光照、温度、风速等传感器与中央控制装置组成。在实际运行中，该系统可依据气象数据与环境变化，对遮阳构件进行角度与位置的自动调整，从而最大限度地降低太阳直射引发的热负荷。

此外，通过对自然采光的精细调控，动态遮阳系统还能增强室内光环境的均匀性，减少眩光干扰，提升空间使用效率。该类系统的形式多样，可包括可旋转百叶、活动遮阳板、折叠式遮阳结构等，在设计中依据建筑朝向与使用需求选择最优方案。当太阳角度变化时，遮阳构件可调整至特定角度，以实现遮光与导光的动态平衡。尤其在夏季，系统通过降低遮阳板角度遮蔽高强度日照，而在冬季或光照不足时，则可增加反射或折射自然光的比例，以增强室内采光能力。

随着智能化控制技术的发展，动态遮阳系统已广泛集成于建筑管理系统中，实现建筑遮阳与能耗控制的一体化调节。该系统不仅有助于夏季降温与冬季蓄热，也能显著提高建筑的运行舒适性与管理效率，在绿色建筑与低碳建筑实践中具有重要的战略价值。

2. 智能玻璃应用

智能玻璃作为光学性能可调的建筑外围护材料，代表了建筑节能与舒适性控制技术的重要发展方向。该材料通过内部功能性薄膜的变化，实现对光照透射率的动态调节，具备良好的遮阳性、透光性与热工性能调控能力。其性能表现受薄膜材料属性、环境条件及用户设定参数的综合影响，能在不同气候与光照条件下提供个性化的光热调节策略。

智能玻璃按照其调节机制可分为被动型与主动型两类。被动型如热致变色或光致变色玻璃，依赖温度或光照变化自动调节透光性，在特定条件下可显著降低建筑的制冷负荷，其节能效能已接近普通玻璃的84.7%与Low-E玻璃的83.6%；而主动型玻璃，亦称为电致变色玻璃，则通过施加电压改变其透光状态，实现更为精准的光热控制能力。该类玻璃可在短时间内响应外界环境变化，调节光照强度和辐射热通量，从而优化室内热环境并提升视觉舒适性。

在运行过程中，智能玻璃通过对光线透射率的动态调节，有效减少人工冷却与采暖需求，降低空调系统负荷。尤其在日照强烈的时段，玻璃表面自动变暗，可阻挡过量太阳辐射；而在光照不足区域，则通过自动增亮改善采光条件，从而达到节能与舒适性的平衡。该调节机制亦使其在冬季具备集热功能，增强热环境舒适性，尤其适用于严寒地区的建筑使用需求。

（三）动态自然通风系统

在现代建筑设计中，特别是在智能建筑领域，动态自然通风系统发挥着至关重要的作用。它通过利用自然空气流动调节室内温度和空气质量，确保了居住和工作环境的舒适性。相较于传统的机械通风系统，动态自然通风系统不仅显著降低了能耗，还提升了室内环境的健康水平，有效减少了空气污染的风险。因此，在不同气候条件下，合理配置和设计动态自然通风系统显得尤为重要。

在实施动态自然通风系统时，设计者须综合考虑多种因素，包括建筑的地理位置、朝向、开口位置、窗户的数量和尺寸等。良好的通风效果依赖于窗户的合理设计，这包括窗户的开启方式、开口面积以及与建筑内外环境的关系。科学的设计使建筑能在室外温度适宜时，最大化利用自然风，实现空气有效流通。特别是在气候适宜的时段，动态自然通风系统能够显著减少对机械空调的依赖，从而降低能耗和运营成本。例如通过合理设计通风系统和利用自然通风，可以有效减少空调等机械通风系统的运行时间，达到节能减排的目的。

动态自然通风系统的一个显著特点是其自动化控制能力。许多现代建筑采用传感器和智能控制系统，能够实时监测室内外环境的变化。当室外空气质量良好且温度适中时，系统可以自动开启窗户和通风口，引入新鲜空气，改善室内空气质量；而在外部条件不佳时，系统则可以关闭窗户以保持室内环境的稳定性。这种智能化的控制方式不仅提升了居住和工作环境的舒适度，还能在一定程度上保护建筑内部的环境，避免外部污染物的侵入。

动态自然通风系统的设计不仅关注功能性，还注重建筑的美学表现。通过巧妙的建筑立面设计，通风口的布局可以与建筑整体风格相融合，形成视觉上的和谐美感。此外，双层幕墙等设计形式的引入，不仅能够增强建筑的隔热效果，还能创造出丰富的光影变化，使建筑外观呈现出多样化的形态。这种设计不仅满足了使用功能的需求，还提升了建筑的整体吸引力，为用户提供了更加愉悦的空间体验。

从环境可持续性的角度来看，动态自然通风系统在建筑设计中具有显著的优势。通过合理利用自然通风，建筑可以有效降低对传统空调系统的依赖，从而减少能源消耗，降低碳排放。例如在温和气候条件下，自然通风可以显著改善室内热舒适条件并增进人体健康，同时在夏季夜间利用室外冷空气排出室内热量，省去夜间的空调能耗，并降低围护结构的蓄热，从而降低第二天的空调能耗。这种可持续设计策略不仅符合现代社会对节能减排的要求，还为改善城市微气候、提升生活品质提供了有效的解决方案。动态自然通风系统的有效实施，可以促使建筑在满足舒适性和功能性的基础上，实现更高层次的环保目标。

第四节　智能化住宅与智能小区的设计分析

一、智能化住宅的建筑设计要点

随着智能化技术向小区、家庭的普及，住宅建筑的本体智能化设计也逐渐受到人们的重视。智能化住宅在建筑上应满足各个不同群体居住的要求。从建筑本体实现智能化的要求出发，住宅应是大的可随意自行分割组合的空间。目前的做法主要是依靠房产商提供几种户型供用户进行选择。确定合理的空间面积，是智能化住宅设计中的首要考量。

当前一个智能化住宅功能空间面积的参考值，见表 4-4。①

① 伍培，侯珊珊，郑洁. 智能建筑概论［M］. 4 版. 重庆：重庆大学出版社，2022.

表 4–4　智能化住宅功能空间面积的参考值

分类	项目	指标体系	
		一般	推荐
面积标准/m^2	起居室	18	22
	主卧室	14	16
	次卧室	9	10（单人）/14（双人）
	厨房	6	7
	餐厅	10	12
	单卫生空间	4	4. 5
	双卫生空间	7	8
	储藏室	2. 5	3
	书房	8	10

智能建筑设计须兼顾现代生活技术需求与用户日常行为习惯，以提升生活便利性与舒适度。厨房作为家居中的重要功能空间，其设计必须合理规划，以适应炊事行为的复杂性与连贯性。在日常炊事活动中，厨房成为一个集储存、清洗、烹饪、备餐和清洁等多项任务的综合区域。因此，合理的布局可以优化操作流程，减少操作者的劳动负担，并提高空间利用效率。

设计厨房布局时，须首要考虑其与其他功能区域的协调性。由于厨房的主要任务是处理与饮食相关事务，因此与餐厅和客厅的邻近性显得尤为重要。连接餐厅不仅可以方便进餐流程的连续性，也能增强家庭成员间的互动与交流。与此同时，厨房与客厅的紧密相连可以进一步提升空间的开放感，有助于家人之间的沟通。除此之外，厨房与卫生间的合理布局也能简化管线布置，便于后期的设备维护和更新，提升建筑的整体功能性。

在厨房内部，炊事行为的操作周期决定了设备布置的核心原则。食品储存、洗涤、烹饪及餐后清洁构成了一个完整的炊事流程，而最频繁使用的设备是水池、炉灶和冰箱，这些设备的布置被称为工作三角形。为了提高厨房工作效率，设计时应考虑工作三角形的合理性，确保烹饪台、洗涤区和储藏区之间形成便捷的三角形区域，减少在不同区域之间来回走动的次数，提高厨房工作的效率。合理配置工作三角形的各个顶点能够大大提高操作效率，减少不必要的走动，并且让各类设备的功能得到最优的发挥。冰箱应靠近入口便于食材的储存，炉灶接近餐桌方便取餐，水池则处于两者之间的中心位置，形成高效的操作流线。此外，在水池与炉灶之间配置主要操作台，有助于完成备餐和烹饪任务，优化厨房内的工作流程。

在设备齐全且面积较大的厨房中，储存、洗涤和烹饪设备的多样性使得空间的布置更加复杂。因此，智能厨房的设计不仅要考虑现有设备的合理配置，还应为未来可能增加的设备留有足够的扩展空间，确保厨房功能的灵活性。标准化布局厨房设备能提升空间利用率，减少冗余操作，便于部件与管线接口对接，促进厨房设备与家具的标准化生产与开发。

管线设计也是厨房功能性的重要组成部分，合理的管线布局能够改善厨房的视觉效果，增强其空间感受。厨房的管线布置通常包括立管区和横管区。立管区应设在厨房的一角或位于厨房外部，横管区则布置在低柜的后侧，以避免影响厨房的使用面积和美观度。合理配置管线区，既能使厨房整洁美观，又便于设备管线连接，降低维修更换难度。

厨房智能化设计的一个显著特点是电气系统的扩展。随着家用电器的广泛普及，厨房电气设备的种类和数量不断增加，因此在设计厨房时，必须为未来可能增加的电器预留足够的电源接口与空间。智能厨房照明设计应结合炊事操作的特点，确保各工作区的照明充足且均匀，提升照明效率，减少阴影和眩光对操作的影响。未来的厨房不仅需要满足基本的照明需求，还应为其他电器的使用提供便利，提升厨房操作的综合效率。

未来厨房空间设计将更加注重多功能化和智能化的发展趋势。随着现代家庭生活方式的变化，餐厅与厨房的融合设计、客厅与书房的一体化理念正逐渐深入人心。这种整合空间的设计不仅能节省住宅面积，还能加强家居空间的连贯性和互动性。此外，未来户型设计还将呈现出“重主卧轻客厅”的趋势，主卧空间的功能性和舒适性逐渐成为设计中的重点，同时功能区域划分也将更为细致，以满足家庭成员的不同需求。

二、智能小区的环境设计要点

（一）声环境优化设计

住宅声环境是居住品质的重要组成部分，对居住者的生理和心理健康有着深远的影响。声环境设计不仅要有效控制噪声，还须精心规划居住空间内外的声音元素，实现和谐与优化的平衡。与热环境、光环境相比，声环境对居住者的影响更为隐性和长期，尤其是噪声污染可能导致的慢性压力和睡眠障碍，使其成为住宅设计中不可忽视的关键问题。噪声不仅影响休息、工作和睡眠，还可能引发焦虑、疲劳等健康问题。因此，智能住宅的声环境设计必须高度关注噪声的来源、传播路径及其控制手段，确保满足对住宅区声环境的规范要求。

噪声是影响声环境的主要因素。噪声源可以分为外部噪声和内部噪声，外部噪声通常来自交通、工业和公共场所的活动，内部噪声则多与建筑构造和居民日常活动相关。交通噪声是住宅外部噪声的主要来源，它通过空气传播，进入室内后对居住者的日常生活产生干扰。楼板撞击声是住宅内部噪声的典型问题，尤其是在多层或高层建筑中，由楼上住户的日常活动所引起的噪声通过楼板传递，影响楼下住户的安静生活。这些噪声问题在声环境设计中需要通过多方面的技术手段进行有效控制。

在住宅外部噪声控制方面，建筑布局和设计是关键的一道屏障。住宅群体的布局应充分考虑噪声源的方位，通过合理的建筑排列和屏障设置，可以有效降低外部噪声对室内的侵扰。特别是在住宅沿城市主干道布置时，建筑物的朝向和房间的布局设计应避开噪声强度较高的方向。起居室和卧室作为居民休息的重要空间，不应布置在临街一侧，以免交通噪声影响居民的休息与睡眠质量。在建筑设计中若无法完全避免噪声源，至少应确保每户住宅有 1~2 间卧室朝向较为安静的内部空间，以改善整体声环境质量。

在小区内部，公共设施和服务建筑也是潜在的噪声源。因此，在智能住宅的声环境设计中，应着重考虑公共设施的合理布局及采取有效的隔声处理措施。例如小区内的学校操场、幼儿园游戏场等产生较高噪声的场所应尽量远离住宅楼群，以降低噪声对居民生活的影响。同样，小区内的商业设施，如菜市场、副食品商场等，通常是人流密集、噪声较大的区域，这些设施应与住宅区保持合理的距离，或利用建筑平面布局设置隔音隔离带，以确保居住空间的宁静不受噪声干扰。

智能建筑可以通过隔声材料的使用和结构优化，有效降低噪声的传播。例如外墙、门窗、楼板和隔墙的隔声性能对减少外部噪声的进入和室内噪声的传播至关重要。高性能的隔声玻璃和墙体材料可以有效阻挡外界噪声的传递，而在楼板设计中，适当增加隔声措施可以显著减少撞击噪声的影响。这些举措在提升居住舒适度的同时，亦能有效隔绝建筑物内外的噪声干扰，保障各功能区域的独立与宁静氛围。

智能住宅的声环境设计还须关注室内噪声的产生与控制。在多层建筑中，楼层之间的噪声传递主要通过楼板和墙体实现，尤其是楼板撞击声，常见于住户走动、家具移动等日常活动中。为了有效降低这种噪声影响，楼板可以采用吸声性能良好的材料，并通过安装隔声垫或悬索结构，减少声音通过楼板的直接传递。此外，智能住宅中的各种机械设备，如空调、排风系统等，也是噪声的潜在来源。通过合理的设备布局与高效的隔声措施，诸如安装减振器与隔声罩等，可显著削弱机械设备的噪声影响。

声环境设计的目标不仅仅是减少噪声，更是创造一个平衡、舒适的声音环境。声环境的优化需要兼顾噪声控制与空间的音质效果，例如在室内公共空间或家庭娱乐区域，适当设计声学效果可以提升空间的使用体验。在智能住宅中，声环境控制还可以与智能家居系统相结合，通过声学传感器监测环境噪声水平，并根据实时情况调整室内设备的运行状态，进一步提升居住环境的舒适性和安静度。

（二）热环境舒适设计

室内热环境是建筑设计中对居住舒适度影响最直接且最重要的因素之一。一个良好的室内热环境不仅关乎人体的生理需求，也对居住者的精神状态和工作效率有深远影响。根据 ASHRAE 标准，理想的热环境应确保人体处于热舒适状态，即满足人体热平衡方程，考虑到空气温度、流速、环境表面平均辐射温度、相对湿度、衣服热阻和人体活动量等因素，使人体不会感到过冷或过热，而是感受到适度的凉爽与舒适。这种状态下，人体的生理反应最小，血管的收缩和扩张都处于最佳水平，汗液分泌适中，且人精神饱满、反应敏捷，能够在最小的能量消耗下维持高效的工作和生活状态。

室内热环境的质量取决于多个因素的综合影响，具体如下：

第一，温度。根据相关标准，理想的冬季室温应保持在 18~24 ℃之间，而夏季则应控制在 22~28 ℃。例如：冬季集中供热的标准室内温度为（18±2）℃，而民用建筑主要房间的室内计算温度宜采用 16~24 ℃；夏季理想的室温范围是 20~30 ℃，而睡觉时以温度为 25~28 ℃为宜。这些温度范围既考虑了人体对热的敏感性，也平衡了能源使用的效率。冬季和夏季的温度差异不仅是气候变化的结果，也是为了响应人体在不同季节中的生理调节需求。例如：冬季时人体新陈代谢加快，室内温度宜稍微低些，以避免过高的室温造成的不适感；相反，夏季时高温环境中适当的室温调节能显著提高舒适度。

第二，湿度。湿度过高或过低都会对居住者的舒适度产生不利影响。根据室内环境和季节的不同，理想的湿度范围也有所变化。一般而言，冬季的理想湿度范围在 30%~60%，而夏季则应保持在 40%~65%。特别是对于老人和小孩，适宜的室内湿度为 45%~50%，以确保健康舒适的生活环境。湿度的控制不仅影响人体的皮肤感受，也影响室内空气的质量与健康。例如：湿度过低不仅易致皮肤干燥、呼吸不畅，还可能提升某些疾病的患病风险；湿度过高则会使人感到闷热、黏腻，并增加霉菌和细菌的滋生。保持适宜的湿度水平有助于改善整体热舒适度，同时提高室内空气质量。

第三，气流速度。在冬季，理想的气流速度应小于 0.2 m/s，而夏季则应控制在 0.3 m/s 以下。适度的气流不仅能够帮助调节室温，还可以通过空气流动带走人体产生的热量，增强人体的凉爽感。在夏季，提高气流速度能有效减轻热感不适，降低空调制冷需求，实现节能与舒适度的双重平衡；相反，在冬季，过强的气流会导致居住者感到寒冷，因此需要控制风速以避免体感温度过低。

（三）光环境营造设计

现代建筑中的光环境设计至关重要，它不仅对居住者的生理健康产生积极影响，如改善睡眠质量、减少抑郁症状，还直接影响心理舒适和安全感，例如通过提供舒适的视觉体验可促进情绪放松。光环境涵盖日照、采光以及人工照明三个层面，每个方面在不同的使用场景中扮演着独特的角色。一个出色的光环境设计，能够显著提升居住者的生活质量，激发工作效率，为各类活动营造恰到好处的视觉享受和氛围。合理的光环境设计需要综合考虑多个因素，包括照度、亮度比、光色、显色性以及眩光控制，以确保在视觉和心理上均满足居住者的需求。

在住宅设计中，充分利用自然光是光环境优化的一个关键要素。自然光不仅对生理健康具有重要作用，如调节生物节律、促进维生素 D 的合成，还能够有效减少对人工照明的依赖，降低能源消耗。住宅的采光通过窗户来实现，因此窗户的布局和尺寸直接影响室内光环境的质量。在设计过程中，需要确保自然光能够均匀地分布到居住空间的各个角落，同时避免过强的直射阳光带来的眩光和热辐射问题。为了确保住宅室内获得充足的自然光照，必须根据住宅的朝向、外部环境以及室内功能布局，合理设计窗户的尺寸和位置。具体而言，应遵循以下采光标准：每套住宅至少应有一个居住空间能获得冬季日照，卧室、起居室（厅）、厨房应有直接天然采光，且其采光系数不应低于 1%。此外，卧室、起居室（厅）、厨房的窗地面积比不应低于 1/7，以满足基本的采光需求（表 4–5）。

表 4–5 住宅室内采光标准（窗、地面积比）

部位	起居室（客厅）、卧室、书房、厨房	卫生间、过厅	楼梯间
窗、地面积比	1/7～1/6	1/10	1/14

除了自然采光，人工照明也是光环境设计的重要组成部分。人工照明不仅在夜间发挥作用，还在自然光不足的情况下，起到补光和调节氛围的功能。针对不同类型的室内空间，照明设计须依据其具体功能进行个性化定制。根据《中小学校教室采光和照明卫生标准》（GB 7793—2010），教室课桌面上的维持平均照度值不应低于 300 lx，其照度均匀度不应低于 0.7，以确保视觉清晰度并避免眼睛疲劳。在这些区域中，高显色性和均匀的光分布至关重要，因为它们能够提高工作效率，减少视力损害。同时，避免眩光的设计也非常重要，因为眩光不仅会影响视觉舒适，还可能导致长期的视力问题。因此，使用具有扩散功能的灯具或者通过间接照明来减少眩光是常见的设计手段。

在住宅的娱乐和休息区域，环境的设计更注重氛围的营造。不同的照明方式和光色能够显著影响人的情绪和心理状态。例如暖色调的灯光可以带来温馨、放松的感受，而冷色调的灯光则更适合需要集中精神的场景。为了增强空间的多功能性，这些区域的照明设计通常采用可调节的灯光系统，以便居住者能够根据不同的活动需求调整照明强度和色温。此外，照明的均匀度也是考虑的重点，光线应分布均匀，不应出现过亮或过暗的区域，以保证整体空间的舒适度。

对于室外照明，尤其是在住宅小区内的道路和公共空间，光环境设计的重点在于确保安全性和视觉舒适度。小区的道路照明设计不仅要遵循常规的道路照明标准，还应根据小区的具体特征进行调整。例如居住区道路照明设计标准将居住区道路分为与城市道路相连的居住区道路和小区路、组团路，前者按机动车道路照明标准要求，后者则按行人道路照明标准要求，以满足不同道路的特定需求。亮度、照度和均匀度是设计中必须考虑的基本参数。道路的照明设计不仅要满足行人和车辆的视觉需求，还要考虑整体的光环境氛围，使居住者在夜间感到安全与舒适。除此之外，小区内的庭院灯、草坪灯等景观照明还应与小区的整体景观风格相协调，既保证功能性，又提升小区的美观度。

无论是室内还是室外，光环境设计的目标都是创造一个视觉舒适、功能完善的空间。照度的适度、亮度比的合理控制、光色的选择以及显色性的考量都在很大程度上决定了光环境的质量。适度的照度可以有效减少视觉疲劳，而合理的亮度比则有助于避免视觉上的不适感。光色的选用须贴合空间的功能需求，显色性则关乎物体色彩的真实展现，对工作、学习等精细作业环境尤为重要。此外，避免眩光是设计中的一个重点，特别是在住宅区和工作场所，眩光不仅会干扰视觉，还会影响居住者的情绪和舒适度。通过合理的灯具选择和光源布置，眩光可以得到有效控制，从而提高整体光环境的质量。

光环境设计的最终目标是满足居住者在不同活动中的视觉需求，同时营造出适宜的氛围。不论是充分利用自然光，还是精细调控人工照明，均须在功能性和审美性之间巧妙平衡。随着智能家居技术的发展，光环境设计正逐渐向智能化方向发展。利用声光控制技术，智能家居照明系统能够根据外部光线变化和居住者的需求自动调节照明亮度和色温，从而实现照明系统的智能化控制。这不仅提升了光环境的适应性和舒适度，还通过自动调节照明亮度和开关时间，进一步节省能源。这种智能化的光环境设计不仅提高了居住的便利性，还在能源效率和可持续发展方面发挥了积极作用。

第五章 智能建筑的设计创新

面向智慧城市的发展需求，智能建筑的设计不仅是技术集成的过程，更是理念更新与模式重构的体现。本章以设计创新为主线，从绿色生态理念、人工智能技术的介入，到物联网平台的系统整合，全面解析智能建筑如何通过技术革新实现系统性能与空间品质的跃升，为可持续城市发展提供建筑范式的创新样本。

第一节 绿色生态智能建筑的发展

一、绿色生态与智能化

（一）绿色建筑

绿色生态建筑亦称生态建筑、可持续建筑。其含义主要是指在建筑的整个过程中，以最节约能源、最有效利用资源的方式为使用者提供最安全以及最适宜居住的场所，从而达到人和建筑与环境的可持续发展。当绿色建筑室内布局合理时，能最大限度地减少合成材料使用，并充分利用阳光，为居住者营造一种亲近自然的感觉。充分体现了人、建筑与自然环境的协调发展特征，保持人类向大自然的索取与回报之间的平衡。节能则是绿色生态建筑的最大特征之一。

从 20 世纪 50 年代开始，我国都以“实用、美观、经济”为建设目标，在 70 多年里这一建设目标得以发展贯彻。2016 年 2 月，中共中央、国务院正式发布《关于进一步加强城市规划建设管理工作的若干意见》，提出了生态环保的建设态度。绿色生态建筑的根本思想是使建设与自然和谐相处。同时，绿色生态建筑也积极响应国家的“生态文明”号召，实现人与自然建设的永续发展。此外，它注重环境保护，将生命周期的概念反映在资源节约最大化上，并且覆盖了整个生命周期相对宽阔的范围，对于建设环境产生着深远的影响。其最终目标是以适度消费理念实现绿色建筑的节能环保。

（二）绿色生态建筑的智能化

1984 年，智能化控制系统以建筑结构化和系统化的方式首次出现。当时，美国联合技术公司的子公司在美国康涅狄格州哈特福德市的建筑中使用了空调设备控制技术，该技术的应用极大地提升了建筑内办公环境的舒适度、安全性和效率，从而催生了智能建筑的概念。在建筑内供电和配电系统的自动集成管理由计算机控制，使得用户的使用更加舒适、方便和安全，吸引了全球的目光。而我国从 20 世纪 90 年代初也开始了“建筑智能热”，随着我国房地产行业的迅速发展，高等商业楼盘、政府办公楼、体育场馆等对智能化的应用越来越广泛。

绿色生态型建筑强调的是节能环保，反映出可持续发展的战略思维。在节省自然能源需求的前提下，绿色建筑的智能化不仅可以采用新型绿色建筑技术，还可以利用智能系统将建筑能耗降至最低的数值。建筑能耗通常是指建筑物使用过程中的能耗，包括电梯、烹饪、污水、供热、供暖、照明、制冷、清洁能源消耗等。绿色建筑的智能化是将绿色基本要素和不同功能的建筑智能化子系统，通过统一的平台形成集成化，使之形成具有能耗监控、信息聚集和资源优化管理等综合功能的系统。具体主要体现在建筑的照明、空调、通风、制冷控制系统和加热智能系统等。绿色建筑的智能化从楼宇控制系统着手，在相对减少能耗的生态建筑基础上加入智能自动化系统，轻松解决现代社会生态环境保护上的难题。生态环保型绿色建筑将成为未来国家发展的重点。

二、绿色生态建筑智能化系统能源利用

（一）太阳能

建筑产业一直是经济发展的重要引擎，建筑设计的目标是减少能耗，充分利用绿色能源，合理利用当地的地理条件建造综合性宜居建筑。太阳能作为清洁能源在建筑节能设计方面占有重要部分。

太阳能的应用已经扩展到光伏发电、热利用和热发电等多个领域。通过太阳能集热器和太阳能发电器，太阳能被高效转化。随着技术的不断进步和成本的降

低，太阳能利用已经成为一种成熟且可靠的技术。全球市场对太阳能的需求持续增长，特别是在中国，光伏行业的发展速度迅猛，装机容量和市场份额均居世界首位。在国际上，太阳能已被广泛认可为清洁绿色能源，其市场前景广阔。将太阳能应用到智能化系统之中，并非一加一等于二那样简单，要通过建造技术与太阳能利用技术的结合，使其变成一个崭新的现代化整体，太阳能发电器使太阳光线收集并转化成智能建筑的电能，使之避免传输和分电损失，降低电力分配投资和维修成本。

太阳能集热器与智能建筑热水系统相结合，使建筑中所需热水集中存储，储水箱与集热装置分开布置，即便室外气温降至零度以下，智能系统依然能够保持自动运行，确保 24h 不间断地为建筑提供热水。

目前，太阳能在绿色智能建筑中应用方式主要有被动式太阳能房、主动式太阳能房、采暖系统以及光伏技术。

1. 被动式太阳能房

被动式太阳能房主要是利用房屋南侧的集热墙，也被称为“特隆布”墙。主要由透光玻璃、集热墙体、集热板组成。由于其结构简单、施工方便而且造价低，所以成为太阳能在绿色建筑中应用较多的方式。

2. 主动式太阳能房

主动式太阳能房主要由太阳能集热器、风机、散热器和泵等组成，可以为公用、民用建筑提供热水，也可以组成太阳能空调。因此，太阳能集热器在建筑节能设计中扮演着至关重要的角色。

3. 采暖系统

太阳能采暖系统是和太阳能热水系统联合使用的，一般多用于寒冷季节。

4. 光伏技术

光伏技术基于电池将光能转换为电能的原理，其系统主要包括电池组、储能装置、逆变器及控制单元。在建筑应用中包括独立光伏系统和并网光伏系统。当太阳能电池能够满足建筑内用电量时，则称为“零能房屋”。

（二）地热能

地热能是人类所能利用的最古老的能源之一，例如人们常用于沐浴的天然温泉就是对地热能的利用形式，又如利用地下热水来取暖、医疗等。但直到 20 世纪中叶，人们才开始常规地使用地热能。地热能的使用方式目前分为发电与发热两种。其中地热发电作为最清洁的发电技术之一，有极大潜力成为一种能够快速商业化并能够并网发电的可再生能源的优先选项。另外，地热发电也可以说是最可靠的（甚至强于水电）可再生能源来源，可以向电网不断输送电力，几乎完全不受气候的影响，不像其他方式存在间歇性和不确定性。

目前，地热能在绿色建筑中的应用主要有地表水技术应用、地下水技术应用以及地埋管技术，其中地埋管技术应用较为广泛。地埋管技术广泛应用后不仅可以更好地实现对建筑内温度的调控，还能有效控制有害气体的排放，最大限度地降低建筑能耗，推进建筑节能工作。从我国现阶段地埋管技术的实际应用情况看，该项技术是通过土壤、地表水或地下水等热源驱动的热力循环系统。应用潜力巨大，发展前景广阔。

地源热泵作为地热能在绿色建筑中的典型应用，这些热源基本上常年恒温，冬天比地面上的室外温度高，夏天比室外温度低。热泵的工作原理决定了它是一种节约能源的技术方式。从这个角度看，地源热泵在技术条件上和保持整个系统的平衡上，都比空气源热泵更有优越性。此外，地源热泵系统本身兼有热泵的优点，基本不产生碳排放量，是绿色的清洁能源。

（三）雨水利用

根据用途不同，雨水利用可以分为雨水收集利用（回用）、雨水再利用（渗透）和雨水综合利用等。生态建筑主要是收集和利用屋顶雨水系统，系统由雨淋管、初始弃置流动装置、储罐、提升泵、压力过滤器池等部分组成。在生态屋的雨水循环设计中，可以作为智能控制系统的子系统以及监测水位的恢复，通过智能控制雨水的使用，从而达到生态节能的目的。中水回用系统运用生物处理方式，若遭遇长时间停电，将影响生物系统的正常代谢。为确保系统的稳定运行，因此将其供电等级设定为二级，同时安装液位传感装置避免溢流情况的发生。雨水利用系统的监控主要有以下内容：

1. 监测内容

初始分流设备：监测进入水箱的水的状态。

油箱：监测油的液位高度。

泵控单元：监测泵机运行状态，并进行故障预警。

压力过滤器：监测过滤器液位的压力水平以及压力过滤器盆当前的流量状态。

灭菌池：监测灭菌池室的液位高度、水的状态以及池内的消毒情况。

2. 控制内容

潜水泵的启动和关闭：当水位达到高水位阈值时，启动潜水泵；当水位下降至低水位阈值时，停止潜水泵运行，并在运行出现故障时自动报警，同时切换至备用泵。

凝结剂泵的启动和关闭：当有水流进入压滤池时，启动凝结剂泵进行凝结处理。

消毒泵的启动和关闭：当水流进入消毒池时，启动消毒泵并进行消毒处理；当无水流时，停止消毒泵运行。

（四）风能发电

风能作为一种可再生、清洁且资源储量可观的能源，因其环境友好性和开发潜力大而在绿色智能建筑中展现出广阔应用前景。其形成机制源于太阳辐射引起的大气运动，具有稳定性高、资源分布广泛、获取成本较低等特征。风能的利用不仅有助于缓解能源紧张局势，也能有效降低碳排放水平，符合绿色建筑对可持续发展与环境保护的基本要求。

我国高层建筑数量庞大，且大多分布于风资源较为丰富的区域，为风能的有效利用提供了物理条件。在绿色智能建筑体系中，风能利用主要集中在两个方面：高层建筑物之间的风能捕捉与建筑楼顶的风力发电装置设置。

高层建筑之间自然形成的风道效应可显著提高风速，若通过科学规划建筑布局，如采用“喇叭口”结构设计，可进一步提升风能密度与采集效率。该设计在实际应用中已验证可有效提升发电效率，体现出建筑形态与能源系统协同集成的技术优势。

楼顶风力发电主要采用垂直轴风力发电机，该类型设备结构紧凑、占地面积小、适应风向灵活，具备良好的建筑兼容性与适应性。其与建筑体融合后可实现局部自给式供能，为建筑提供部分能源支持，降低对传统电力系统的依赖，有助于建筑的能源独立性和韧性提升。此类系统在不影响建筑主体功能与美学的前提下，实现了能源的高效利用与环境的有机统一。

为实现风能发电系统在建筑中的高效运行，必须配备相应的电能转换与控制机制。风力发电机组应具备适应电网电压变化的能力，同时降低谐波干扰并优化功率因数控制，以满足城市电力系统的稳定性与兼容性要求。高效的电能控制系统是保障风力发电系统与建筑能源系统协同运行的核心环节。

三、智能化系统在绿色生态建筑中的应用

(一) 建筑智能化控制系统

建筑是艺术与技术的结合，任何建筑都应体现其实用性和美观性。因此，在追求美观的同时，如何让建筑兼具实用性，以及如何在智能绿色生态建筑中充分发挥智能化和生态化设备的运行效益，构成了智能绿色生态建筑技术的核心挑战，也是智能绿色生态建筑系统集成的主要追求目标。然而，每个智能绿色生态建筑都有其不同的特点，依葫芦画瓢地将一个建筑上的系统照抄到另一个建筑上，未必见效。因此，我们首先应理解系统集成的本质；其次，要在设计绿色生态建筑智能化系统时，运用集成技术手段，从生态建筑本身的结构、理念、功能上找出其个性化的特点，本着以人为本、节省能耗的原则对智能化系统和生态系统进行个性化的调整和集成。

1. 建筑智能化系统的功能作用

智能建筑在中国已历经十多年的发展，其势头持续攀升。智能楼宇控制系统是利用计算机技术和网络通信技术实现设备综合管理的重要手段。其作用主要在以下方面：

完全控制系统。楼层控制系统根据需要或设备管理需要对设备进行调节控制，将其对应位置的传感器设置为测量信号并转换为数字信息，领导层或使用者可以在控制室随时准确了解设备的控制参数和系统的运行状态，提高运行和管理效率，为系统的完善提供依据。

控制和节能优化。其所根据的是不同的气象条件以及建筑功能的内部结构和系统架构对设备运行状态的不同要求。计算机控制系统通过各楼层每小时收集的大量数据，分析当前系统的运行状态，甚至预测下一次系统操作的外部条件。在

此基础上，优化系统的运行方案，实现对建筑环境的保养和降低系统能耗的目的。

改善建筑物的设备管理。控制系统可以对设备运行状态进行详细监控，实现故障诊断和事故报警，通过比较设备的历史记录，分析输出的设备情况，提醒设备的运行和管理维护与更新人员。因此，将显著提高设备管理系统的水平，提高系统的可靠性和安全性。

建筑智能化系统通过系统集成平台，将各种子系统与建筑结构环境有机地结合起来，从而实现对整个建筑物的智能化综合管理。总而言之，系统集成在建筑智能控制系统中扮演着至关重要的角色，是推动建筑智能化系统应用的关键要素之一。

对于建筑智能化系统集成技术的信息共享和交换要求，系统集成可以成功地针对建筑物的管理要求，使集成功能在子系统功能实现的基础上完成。同时，控制系统的集成也能够解决不同系统之间的互联技术问题。

2. 建筑智能化系统集成策略

系统集成是将智能绿色生态建筑内外不同功能的子系统在物理上、逻辑上和功能上进行连接，实现信息综合、资源共享。它不是具体的技术产品，而是按照用户的需求，对市场上众多的软、硬件产品和技术进行综合比较，精心取舍和裁剪，恰当合理地选择相应的技术和策略。系统集成主要以网络技术、数据库技术、中间件技术为基础，实现各异构系统之间的信息共享与综合管理。

系统集成是建筑中的一个信息管理系统，对于绿色生态建筑而言，集成系统的重点体现在两个方面：从日后运行和维护管理的角度来看，系统集成可实现建筑节能，减少建筑物业管理中的人力与物力消耗，从而为高效的现代化管理奠定技术基础；从功能的角度，应根据不同建筑的实际需要来决定子系统需要集成的内容与方式。

生态建筑的集成应遵循设计总体规划、分步实施的原则，具体分为以下三个步骤：

①使各子系统实现自身功能，满足用户基本的使用、管理要求。

②进行有线系统间的集成，满足用户较高的使用功能、管理要求，实现建筑物管理系统集成。

③对整个绿色生态建筑内外的各个子系统进行集成，实现更高层次的建筑集成管理系统。

系统集成的本质是资源的共享、信息的集成、管理的需要，是系统和谐高效运作的表现。由于智能绿色生态建筑的系统集成还没有真正成文的标准和规范，所以我们可以参照现行智能建筑设计标准将智能绿色生态建筑系统集成设计标准分为甲、乙、丙三种。三种标准均应符合以下条件：智能化系统和生态子系统集成时，设备通信协议和接口须遵循国家现行标准；系统集成管理系统则须具备可靠性、容错性、易于维护和可扩展性。其中，甲、乙级标准要求智能绿色生态建筑内外的各种网络系统，应具有较强的信息处理及数据通信能力；而丙级标准则侧重于光缆及铜缆线路系统的引入、通信系统配置、信息插座配置、多功能会议室设置等联网集成管理。

在智能绿色生态建筑中，集成后的综合系统由构成智能绿色生态建筑的各子系统组成，主要由通信网络系统（CNS）、信息网络系统（INS）、建筑设备监控系统（BAS）、火灾自动报警系统（FAS）、安全防范系统（SAS）、综合布线系统（GCS）和室内环境调控系统组成。

（二）绿色建筑智能化维护系统

智能建筑维护的目标是使建筑成为一个综合体，使得各部分组件能够独立或共同进行调整。智能建筑系统通过实时监控和数据分析，能够及时响应环境变化，实现对建筑内部环境的智能调节，从而在保持健康舒适环境的同时，最大限度地降低能耗。在这样的建筑维护结构中，通过手动或自动调节支撑构件，可以加强外部的环境适应性。建筑物内的能量以及流量可以独立于控制，以便以最低能量实现最大效率消费。

第二节　智能建筑系统中人工智能的运用

智能建筑，作为现代建筑领域的一项重要创新，通过系统集成先进的信息技术、自动化技术、通信技术以及建筑技术，旨在提升建筑物的环境舒适度、能源效率、安全性以及便利性。例如智能办公楼案例中，通过 BIM 技术进行设计优化，采用高效隔热材料和智能遮阳系统，以及配备智能照明、空调和安防系统，实现了建筑的智能化管理和控制。智能建筑的主要功能包括安防监控、楼宇自动化、物业管理、节能效果提升、能源互联网应用以及增强建筑物的自动感知能力，这些功能通过智能控制系统、信息通信系统、环境监控系统以及能源管理系统四个主要部分实现。智能建筑系统通过集成先进的视频监控、入侵报警、火灾探测等安全监控技术，实现了对建筑物安全状况的实时监测。智慧工地案例显示，这些系统能够提高安全管理效率，减少人为误差，通过大数据分析及时发现安全隐患，降低事故发生概率。智能监测系统进一步通过传感器网络和物联网技术，实现对建筑环境的全面感知和快速响应，显著提高预警准确性和处理效率。智能楼宇自控系统则通过实时监控、数据分析及远程控制功能，不仅提升了管理效率，还为用户提供了更高的安全保障。此外，智能建筑系统还能够提供便捷的信息服务，如楼宇自控系统能够实现对建筑物内各种设备的远程控制，方便用户随时随地对建筑物进行管理。人工智能（AI）的应用为智能建筑系统的演进带来革命性变革，这不仅体现在提升建筑的功能性上，更在于优化用户体验、增强安全性等方面。深入研究智能建筑系统中的人工智能应用与性能优化，对提升智能建筑系统运行质量、强化智能建筑系统应用效果将具有十分重要的现实意义。

一、人工智能在智能建筑系统中的多元应用

（一）智能化控制领域

在智能建筑系统的智能化控制领域，人工智能的应用正日益凸显其独特价值，特别是在自动化控制方面，AI 技术的融入不仅可以提升系统的智能化水平，还为用户带来更便捷、舒适和节能的使用体验。AI 技术通过集成先进的传感器网络和数据分析算法，能够实现对环境光线的实时监测和智能调节。在 AI 技术的支撑下，系统能够根据室内光线强度、人员活动情况等因素，自动调节照明设备的亮度和色温，使室内光线持续保持在最宜人的状态，同时依据用户的个性化偏好与习惯，量身定制照明方案，如模拟自然光线的变化、营造不同氛围的灯光效果等，为用户创造更加舒适、温馨的居住环境。除光纤智能控制外，AI 技术在空调控制方面的应用也同样带来显著的改进，AI 技术通过收集和分析室内外温度、湿度、人员活动情况等多维度数据，可以实现对空调系统的智能化控制。凭借 AI 技术智能算法的助力，系统得以基于实时数据精准预测未来的温度走向，

并据此自动调节空调的运行模式和参数，确保室内温度始终保持在最舒适的范围内，并根据建筑物的实际能耗情况，优化能源配置和使用策略，实现节能降耗的目标。此外，AI 技术具有强大的学习和优化能力，在智能建筑系统自动化控制不断应用的过程中，能够逐渐适应不同环境和用户需求的变化，并不断优化自身的控制策略。这种自适应性和学习能力使得 AI 系统能够持续提供高效、精准的控制服务，满足用户对智能建筑系统的高品质需求。

（二）能源管理领域

在智能建筑系统的能源管理方面，AI 的引入可以极大提高能源利用效率，为实现节能减排目标提供有力支持。在能源监测方面，AI 通过集成物联网技术，实现对建筑物内各种能源使用情况的实时监测，利用智能传感器和智能仪表，系统能够收集包括电力、燃气、水等在内的各种能源数据，并进行实时传输和处理。AI 算法能够对这些海量数据进行高效分析，快速识别出能源使用的异常情况和潜在问题，为后续的能源管理和优化提供数据支持。

在能源分析方面，AI 展现出强大的数据处理和分析能力，能够自动对收集到的能源数据进行清洗、整合和挖掘，提取出有价值的信息和规律，借助机器学习算法，系统能够学习并理解建筑物的能源使用模式，进而预测未来的能源需求，为能源管理提供坚实的科学依据。在节能优化方面，AI 能够帮助智能建筑系统基于实时能源监测和深入分析的结果，制定出有针对性的节能策略。例如：在智能照明系统中，AI 可以根据室内外光线和人员活动情况自动调节照明设备的亮度和色温，避免能源浪费；在空调控制系统中，AI 可以预测未来的温度变化趋势，并据此自动调节空调的运行模式和参数，实现节能降耗的目标。在系统持续运行与数据累积的过程中，AI 系统能够逐步优化其能源管理策略，更加贴合建筑物的具体状况及用户需求。

（三）用户体验优化领域

在智能建筑系统中，AI 的应用对于提升居住者的舒适度和便捷性起着至关重要的作用，通过深度学习和数据分析，AI 能够精准地理解居住者的需求和行为模式，从而为他们提供更加个性化、智能化的服务，进一步优化用户体验。在实际应用中，AI 集成了环境感知技术与智能控制算法，能够实时监控并调节建筑内的环境参数，涵盖温度、湿度及光照等方面。通过对居住者历史数据的分析，AI 系统能够预测居住者的舒适度偏好，并自动调整环境参数以满足其需求。比如炎炎夏日里，AI 系统能依据居住者的习惯，自动调节空调温度与风速，以保障室内环境的舒适度。同时，AI 技术的应用也可以极大提高居住者的日常生活效率。通过智能家居设备和 AI 技术的结合，居住者可以通过手机、语音等方式实现对家中设备的远程控制。例如通过智能家居 App，居住者可以随时随地查看家中的安防监控、控制家电设备、调节室内环境等。此外，AI 系统还能够根据居住者的日常习惯和喜好，智能推荐相关的服务和产品，如天气预报、智能家居设备升级等，为居住者提供更加便捷、贴心的服务。

二、人工智能在智能建筑系统应用中的性能优化

（一）数据处理与分析优化

为切实提升智能建筑系统运行过程中的建筑运营效率、提升居住者体验，AI 可以充分结合大数据分析技术和机器学习算法，提升系统的数据处理和决策过程的性能，强化智能建筑系统的运营能力。智能建筑系统持续不断地产生大量数据，涵盖能源使用情况、居住者行为模式、设备运行状况等多个方面。这些数据因其复杂性和多样性而难以被传统数据处理方法所应对，AI 技术通过大数据分析，能够实时、准确地处理这些数据，提取出有价值的信息，为系统提供决策支持。在此基础上，AI 可以通过机器学习算法，自动学习和识别数据中的模式和规律，并根据这些规律进行预测和决策，应用到智能建筑系统中的设备故障预测、能源优化、居住者行为分析等方面。AI 得以通过持续学习和优化，逐步提升预测与决策的精准度和效率，为系统提供更加精准、可靠的服务。此外，在数据处理和分析优化过程中，AI 技术还可通过数据融合和集成技术，将不同来源、不同格式的数据进行统一处理和分析，集成化分析处理智能建筑系统中的各个子系统和设备数据，极大提升系统数据处理性能，提高数据的使用效率和价值。

（二）预测性维护

传统的维护方法往往依赖于人工巡检和定期维护，这种方式不仅效率低下，而且难以应对复杂多变的设备故障。而 AI 技术能够通过对设备运行数据的深度

分析，自动识别出潜在的故障模式，并预测故障发生的可能性和时间。例如通过分析设备的振动数据、温度数据等，借助 AI 技术，不仅可以预测轴承磨损、电机过热等常见故障，还能实现对动车车底故障的识别和报警，准确率较高。AI 利用系统模型算法检测到设备潜在故障后，智能建筑系统能即时自动启动维护流程，迅速通知维护人员进行检查维修。预测性维护能显著减少因设备故障造成的停机损失，降低维修成本，延长设备使用寿命。此外，AI 技术依据设备运行情况及历史维护记录，为维护人员提供定制化维护建议，从而进一步提升维护效率。值得强调的是，AI 在预测性维护方面的应用不仅关注单一设备的故障预测，还能够实现对整个智能建筑系统的全局优化。通过集成多个设备的运行数据，AI 可以分析出设备之间的相互影响和关联关系，从而预测出系统级别的故障风险。这种全局优化的方式能够帮助管理者更加全面地了解系统的运行状况，制定更加科学合理的维护策略。

（三）能源管理优化

在智能建筑系统的能源管理领域中，如何进一步优化 AI 在能源管理方面的性能，以实现更高效、更智能的能源管理，是一项十分重要的挑战。而 AI 算法通过实时收集、处理和分析建筑内的能源使用数据，能够预测能源需求、优化能源分配，并实时调整能源供应以满足需求变化。因此，优化 AI 算法，提高其处理速度和准确性，是实现能源管理性能优化的重要途径。智能建筑系统应采纳更为尖端的机器学习算法，在系统运作期间，不断对循环神经网络模型的各项参数进行微调与补充，深化层次抽象学习数据间的复杂映射关系，优化算法配置，构建出更为精细的人工智能预测模型，以此增强数据处理效能，最终实现系统能源管理性能优化的核心宗旨。[①] 此外，智能建筑系统能源管理的性能优化还可以充分利用 AI 技术开展集成多源数据处理，智能建筑系统涉及多种能源类型和多种设备，每种设备和能源类型都有独特的运行模式和数据特征。为了更精确地预测能源需求并优化能源分配，我们可以借助 AI 卓越的数据融合与集成能力，对源自不同渠道、格式各异的数据进行深度处理与分析，从中提炼出宝贵信息，为能源管理提供坚实有力的支撑。

---

① 张原赫. 人工智能技术在智能建筑中的应用分析［J］. 中国新通信，2019，21（2）：54-55.

智能建筑系统中AI的应用为建筑能源管理、设备维护等方面带来革命性变革，对推动智能建筑系统创新发展，不断实现智能化性能优化具有十分重要的现实意义。在具体实践应用中，智能建筑系统通过持续优化AI算法、整合多源数据，实现了智能监控与故障预测功能，从而显著提升了其性能。展望未来，随着AI技术的不断进步和创新，智能建筑系统将更加高效、智能，为人们创造更加舒适、便捷的生活与工作环境。

第三节　基于物联网技术的智能建筑管理系统应用

一、智能建筑物联网系统架构

科技发展的核心目的便是要把人的“智”变成物的“慧”，智能建筑主系统利用物联网技术全面感知建筑环境内各参变量，以应用服务为导向，支持交互关联应用系统的接入、访问和数据交换，可根据用户需要灵活定义和配置新的接口，具备强大的适应和转换能力。在用户体验方面，更关注个性化的需求与互动，有助于系统进一步扩展应用，可以说是面向应用服务的系统结构。

首先，智能建筑物联网系统架构仅需部署一套本地物联网控制平台用以控制管理，避免了以往各子系统因配置不同资源平台而带来的弊端，有效整合了资源，降低了成本，同时消除了系统间的隔阂，解决了数据丢失和信息不同步的问题；其次，智能建筑物联网系统架构的底层感知依赖于现场设备布局，通过减少新增节点，增强了系统的扩展性和灵活性；最后，各物联节点、本地物联平台、云端服务器、用户均按照统一的通信协议进行信息数据交换、节点控制、决策部署，联动优势愈发明显。

（一）感知层

感知层主要借助传感设备、射频识别设备等装置感应外部环境信息，以此来进行信息识别、判断、控制，为智能建筑系统提供底层支撑和硬件基础。而底层设备读取的数据信息又通过物联网关进行传输，传输的同时，用户可在对应管理平台进行控制操作，以满足业务服务应用。

基于海量数据的传输，物联网结构体系底层硬件增加了通信模块，建立了智能化通信通道，以解决远程终端高效传输问题。然而，若对所有数据进行加工、引用及传输，不仅不切实际，还会极大地消耗通信资源，因此，依据用户的具体需求，在终端设备增设边缘智算模块，使远程终端能够高效筛选、加工并判断处理常规及非核心数据，此举不仅提升了底层设备的响应速率，还显著增强了智能建筑系统的灵活性和广泛适用性。

（二）网络层

提及物联网就不得不提及其内在的感知网络，网络感知架构负责将系统筛选后的非常规、核心数据传输至云计算节点，进而实现跨节点、跨时空的智能运算，是物联架构的关键内核。与传统系统纷繁复杂的通信协议不同，网络层建立了规范统一的通信协议，实现传感网络与因特网的有机结合，使数据信息全方位迁移上网，成功架起云端与底层设备之间沟通联系的桥梁，也让子系统间的互动联通具备了基础条件。因此，从这一角度出发，物联网可以说得上是智能建筑系统中的大型综合网关。

（三）应用层

底层数据的感知与核心数据传输的最终目的便是面向用户提供服务，应用层为用户搭建了物联基础服务平台，除部署有公用服务中间件之外，协同网络应用服务、云端数据库、数据访问控制平台支撑各业态服务应用。医疗健康、环保能源、智慧电力、公共交通、智慧园区等可根据各自的经营战略定位和功能研发需求，结合物联网基础服务架构，定制开发智慧物联网应用模型，利用应用模型对控制对象进行追踪管理、数据反馈、远程控制，以保障系统整体良性运转，从而打造智能建筑物联个性化服务。

二、智能建筑物联网关键技术

（一）通信组网技术

如果把物联网看作是承载信息资源的高速列车，那么，通信组网技术就是列车得以高速飞驰的轨道。通信组网技术利用互联网线路，将多个终端设备紧密相连，确保信息在设备间自由传递、资源高效共用，从而构建起内部沟通交流的广域网或局域网体系。内部资源的共享应用显著节省了时间成本及研发支出，有效避免了信息不对称现象，进而极大提升了建筑系统的运行效率。

1. 网络拓扑结构与通信协议

在组网过程中，通常要考虑拓扑结构、通信协议、安全性、设备灵活性等因素。网络拓扑结构的性能优劣，不仅直接关系到路由协议及MAC协议的运行效率，而且对物联网系统架构的设计目标起着至关重要的作用。而通信协议更是搭建传感网络的关键抓手。

网络拓扑结构是一种几何形状，指的是传输过程中服务器、计算机、工作站、信息采集模块连接起来的物理机构。按照几何形状的不同，有星状、环形、总线制、树状、网状等拓扑结构。物联网络对各节点互动交流的反馈主要是通过网络拓扑结构的运用来进行的，因此，物联网拓扑结构下的一个重要课题便是如何在高效处理海量感知信息的基础上，做好感知系统的处理优化和交互方式的升级，这也与建筑运行能耗息息相关。

通信协议是指交互对象完成服务过程中的标准约定。通信信道和硬件设备提供了跨空间通信基础，但如果没有统一语言，信息交换和资源共享的目标就无法实现。在建立通信协议时，不仅要面向监测对象考虑现有采集信息特点，更要考虑后期扩展性要求，在高效处理多元化异构数据的前提下，为智能建筑系统提供可灵活插拔的通信规约。

2. 通信组网实现方式

组网实现路径较多，有局域网、广域网、无线网络等，具体选用哪种方式则要根据应用场景需求和组网实现方式适配度来决定。

（1）局域网

局域网规模较小，泛指在有限空间内运用网络终端将计算机节点相互连接的局域性网络。具有传输快、经济、安全等特点，通常用于家庭、工作室、企业等。局域网主要包含以太网、路由等技术。

（2）广域网

相对于局域网而言，广域网则是将多个局域网通过网络终端进行连接，从而构造物理辐射空间范围较大的网络场景。广域网具有成本高、速率低、辐射范围广等特点，常见于政府机关、大型工厂等。广域网常用技术主要包含互联网、VPN等。

(3) 无线网络

无线网络则是指不直接依赖于物联传输媒介，直接基于无线设备将计算节点相互连接构造而成的无线网络空间。无线网络具有便捷性、经济性等特点，但往往受制于传输距离。根据无线网络传输距离的长短可进一步划分为近距离无线技术和远距离无线技术。近距离无线技术包括 RFID、NFC、ZigBee、蓝牙等，广泛应用于智慧物流、AI 工厂等场景；远距离无线技术则涵盖 5G、NB-IoT、SD-WAN 等，多见于集团型企业、智慧城市及交通设施等领域。

（二）融合感知技术

1. 信息传感技术

要想把物体的信息成功上网传输，实现全方位的立体映射，首先便是建立有效的物体感知路径。传感设备无疑是实现“物联网连接”的关键工具，它实时读取并更新建筑实体及其所在环境的信息，将这些信息转换为可识别的信号，并通过信息传输通道上传至云端，以供智能系统进行决策分析，形成建筑智能系统决策“数据库”。

由此可见，传感技术应用成熟度一定程度上决定了基于物联网技术的智能建筑系统信息化程度，这也是传感技术能与计算机技术、通信技术被并称为信息技术产业三大支柱的原因。现代传感技术涉及学科门类众多，但大致涵盖传感硬件、测试开发、信息技术处理等。

就传感技术发展而言，随着信息技术应用条件成熟、多学科融合趋势加强，以及技术的不断进步，传感设备在智能建筑、智能工厂和智慧城市等不同物理应用场景中的应用将日益广泛。它们将逐步提升感知精度、稳定程度、便携性和使用寿命，从而在这些领域发挥更大的效用。

2. 信息处理技术

从传感设备采集的信息本质上仅为客观对象的反馈数据，尚不具备判断和决策能力。只有依托先进的信息处理技术，才能赋予这些原始数据以智能决策的功能与价值。其中，数据融合技术作为核心手段之一，通过对多源异构信息进行整合、清洗、筛选、比对与合并，显著提升了数据的准确性与可靠性，为系统的分析判断和预警机制提供了坚实的支撑。此类技术在复杂环境下尤显重要，能够辅助系统快速完成态势识别、趋势预测与方案验证，为决策机制提供强有力的基础。

现代系统环境多变、信息流密集而快速，仅有数据采集的能力不足以支撑系统运行，关键在于如何在有限时间内完成高效的数据整合与智能分析。数据融合所涵盖的环节较多，既包括基础层面的数据预处理，也包含特征提取、决策树融合与模式识别等中高层算法。这些步骤共同构建起从数据原始获取到决策输出的全流程机制，确保系统具备适应复杂外部环境变化的能力。

初级数据因其原始性与多样性，在使用前往往存在诸多问题。首先，数据的不完整性体现在采集过程中的断点、缺失和异常状态频发；其次，信息源的多样性导致数据字段命名、格式定义不统一，阻碍统一分析；再次，噪声数据与离群点降低了整体数据质量；最后，冗余信息的重复记录增加了处理成本。这些问题决定了对数据进行预处理的必要性。清洗、集成、变换等操作，不仅规范了数据结构，也为后续的模型建立和智能处理提供了坚实基础，提高了处理效率。

在系统运行过程中，重复处理同类数据将导致资源浪费，降低整体性能。因此，需要在数据初期便提取关键特征信息，识别非冗余元素，并对其进行标签化管理。此举能够减少计算量，缩短处理时间，并有助于模型在学习过程中聚焦有效变量。然而，在部分场景中，数据特征的识别并不直观，须通过特征变换、选择及生成来实现维度转换和可识别性的提升，从而获得更加精准的分析模型和优化路径。

物联网系统的庞大规模对数据处理方式提出更高要求。将所有数据集中传输至中央处理系统不仅效率低下，还会制约系统的响应速度与灵活性。因此，基于局部的数据融合与初步决策机制成为关键策略。决策树融合技术在此场景下发挥重要作用，它能够在数据采集末端完成初步分析，并将处理结果传递至上级节点，以支持进一步判定。这种分布式融合模式显著减少了冗余传输，提高了通道效率，但也对局部数据处理精度提出更高要求。局部决策质量直接影响系统整体稳定性与响应能力。

不同的物联计算环境（分布式与集中式）对决策融合的技术实现路径存在差异。分布式环境强调边缘计算与局部自治，要求数据融合在接近源头的节点实现初步决策；而集中式环境则更倾向于在中心节点进行高强度的数据汇总分析。

因此，融合策略的设计须紧密结合系统架构与应用场景特点，才能实现最优的数据决策效率与系统稳定性。

模式识别作为信息处理技术的重要组成，其本质在于通过计算方法对输入信号进行归类、识别与自动判别，以实现对环境的认知。该技术建立于对样本特征的归纳与总结基础上，意图在大量观测数据中发现规律性结构，从而形成可复用的识别机制。模式识别的核心在于如何从多维数据中提取具有区分度的特征向量，并通过算法模型进行判别与归类，进而提升系统的自主识别与决策能力。

在研究方法上，模式识别涵盖了从抽象层面的概念识别到实体层面的结构解析。按有无监督机制划分，可分为有监督与无监督两类。有监督方式依赖已知标签数据进行模型训练，适合目标明晰的任务场景；而无监督方式更适用于外部环境随机性强、样本类别不明确的复杂系统，更能适应物联网体系中数据模态复杂、变化频繁的特征。

从实现路径来看，模式识别包括统计法与结构法两种。统计法以样本数据为基础，采用矢量建模方式进行数字化映射与计算，适用于数据量大、结构不明确的情境；结构法则基于规则与语法的方式，将模式解构为更小的单元，逐级组合重建，以识别其内部规律，适用于信息层次清晰、内部结构复杂的对象。实际应用中，两种方法常被融合使用，以兼顾识别效率与精度。

（三）系统集成

物联感知网络的构建为智能建筑系统提供了信息源，但由于各个终端节点又归属于不同功能子系统，要实现智能管控目标，需要对子系统间进行集成处理，从物理、逻辑、功能等多个维度将不同功能的子系统连接起来，形成一个一体化的集成系统。研究各子系统应用管理需求，对子系统所需硬件、场景、控件进行模型归集分类，以实现综合管控与信息资源高效共享，消除子系统间共享联动的障碍。

（四）数据存储与治理

随着城市化和智能化的快速发展，建筑物联网（building internet of things，BIoT）被广泛应用于智能建筑系统中，为城市的可持续发展提供了新的方向。然而，海量数据的收集、存储、处理和分析对数据管理系统提出了新的挑战。例如基于哈希图的建筑物联网数据管理方法，通过使用哈希图高效地实现数据的插入、删除和查找等操作，为数据的管理提供了可行性和实用性。智能建筑利用物联网技术建立复杂的传感器、控制和系统网络，这些网络协同工作以创建智能且响应迅速的环境，实现建筑物内的高效资源管理和居住者的舒适度与福祉最大化。首先，应依据数据库的特性，精心选择可靠的数据库及其部署方式，进而搭建高效的数据处理架构，以确保数据的存储与管理功能得以充分发挥；其次，AI、算力等技术的诞生不仅为数据处理分析提供了路径，更彰显了数据信息的潜在价值，综合运用数据清洗、AI 深度学习、算力统计等方式进行数据分析，逐步发掘数据内的潜在关联和内生规律，并以此来指导建筑运维过程中遇到的难题，才能更好实现智慧物联建设目标。

(五) 应用服务开发

把目标数据从海量复合信息中挖掘出来后，用户对目标数据就有了更加直观的认知。但如果不对目标数据反馈的真相进行处置，就背离了系统管控的目标。因此，须结合智能建筑系统建设需求，基于目标数据进行应用服务开发，借助应用服务指挥物联前台来进行动态评估、漏洞排查和过程执行，以此契合信息即服务的物联结构。

第六章　建筑物智慧消防系统防火设计

在数字中国与新型城镇化战略协同推进的时代浪潮下，智慧城市建设正以前所未有的速度重塑城市治理范式。随着物联网、大数据、人工智能等新一代信息技术加速演进，城市消防安全领域迎来创新突破的历史机遇。本章立足智慧城市创新发展的时代风口，系统分析智慧消防在城市公共安全新基建中的应用实践，展现数字技术赋能下消防治理现代化转型的蓬勃生机。

第一节　智慧消防的概念界定与理论基础

一、智慧消防的概念界定

智慧消防是智慧城市消防建设与发展的重要表现形态，其体系结构与发展模式是智慧城市中消防在一个区域范围内的缩影。从智慧产品到智慧消防再到如今智慧城市的出现，表明智慧化已经渗透生活的方方面面。

智慧消防是提升新时代消防工作效能的现实需求，旨在推进消防安全治理体系和能力现代化建设。智慧消防是指将物联网、4G/5G 网络、云计算、大数据、人工智能等新一代信息技术充分运用于消防各项工作中，将各个环节的人、物、事件连接起来，通过全面感知、深度共享、协同融合，优化消防管理和服务，提高资源运用的效率，实现精细化动态管理和科学化高效处置。

智慧消防技术是先进技术手段和技术设备在城市消防与灾难救援中的重要应用，配合火灾风险感知、火警智能研判、智能接处警、智能指挥等专业应用，能够实现城市消防的全面智能化。智慧消防技术包含消防网络化、消防互通性、消防智能化、消防信息服务等，是实现消防智能化决策、社会化服务、差异化监管、精准化灭火、可视化管理等全程智能化的管理服务体系。智慧消防技术能够满足火灾防控精准化、消防救援智能化、执法工作规范化、队伍管理精细化的实际需求，通过创新消防管理模式，实现智慧防控、智慧作战、智慧执法和智慧管理。智慧消防技术的应用能有效打通消防安全责任落实和消防救援科学处置的"最后一公里"，将消防社会化工作格局提升到一个新的高度，更加及时地应对处置各类灾害事故，是消防工作未来转型发展的支撑。

站在新的历史方位，面对我国日益复杂的城市运行系统所导致的不断增长的城市安全风险，以及多发的火灾事故带来的安全风险，为建立高效、科学的火灾防治体系，提高全社会消防安全治理和灭火救援的科学化、智能化、精细化水平，保护人民群众生命财产安全和国家安全提供有力保障，应大力推动智慧消防的建设与发展，破解可持续发展的难题，加速经济转型升级，提升消防安全。

二、智慧消防的理论基础

智慧消防的理论基础构建于多学科交叉融合的框架之上，其核心逻辑在于通过技术赋能与管理创新实现消防安全治理的现代化转型。

从系统论视角审视，智慧消防体系可被视为一个由感知层、传输层、分析层与应用层构成的复杂适应系统。感知层通过物联网技术实现消防要素的实时数据采集，传输层依托5G等通信协议完成信息的高速流转，分析层运用大数据与人工智能算法进行模式识别与风险预判，应用层则通过决策支持系统实现防控资源的精准配置。这一分层架构体现了控制论中"反馈—调节"的闭环机制，通过动态监测与实时响应形成持续优化的治理循环。

在信息论维度，智慧消防突破了传统消防管理的信息孤岛困境。其理论模型强调多源异构数据的融合处理，包括建筑结构数据、消防设施状态数据、人员流动数据及环境参数等。通过构建统一的数据标准与语义网络，实现跨平台信息整合与知识提取，为风险评估提供量化依据。这种数据驱动的决策模式契合了复杂系统理论中的"涌现性"特征，即局部信息的关联分析能够揭示整体安全态势的演变规律，从而提升预防性干预的精准度。

风险管理理论为智慧消防提供了方法论支撑。其理论框架包含风险识别、评估、应对与监控四个核心环节，而智慧消防通过技术手段实现了全流程的数字化重构。在风险识别阶段，基于机器学习的图像识别技术可自动检测消防通道占用等隐患；评估环节采用贝叶斯网络等概率模型量化风险等级；应对阶段通过数字孪生技术模拟火情蔓延路径，优化应急预案；监控体系则利用区块链技术确保全流程数据的可追溯与不可篡改。这种技术嵌入不仅提升了风险管理的科学化水平，更推动了从“事后处置”向“事前预防”的范式转变。

从公共管理理论视角分析，智慧消防体现了“整体性治理”的核心理念。其技术架构打破了部门壁垒，通过城市消防大脑实现公安、应急、住建等部门的协同联动。平台化设计支持多主体参与，既包括政府监管部门的垂直管理，也涵盖社会单位、社区居民的横向协作。这种治理模式创新与新公共服务理论倡导的“公民中心主义”相契合，通过信息透明化与参与渠道开放，构建起共建共治共享的消防安全共同体。

在工程哲学层面，智慧消防遵循“技术—社会”协同演化的基本规律。其技术体系设计充分考虑消防系统的韧性需求，通过边缘计算实现局部自治与全局协同的平衡，确保在极端情况下仍能维持基本功能。同时，系统架构采用模块化设计原则，支持根据技术发展进行迭代升级，这种开放性特征与可持续发展理论中的“适应性治理”理念形成呼应，为应对未来不确定性提供技术弹性。

第二节　典型消防设施的应用设计

一、火灾自动报警及消防联动控制系统

火灾自动报警及消防联动控制系统是智能建筑消防系统的重要组成部分，在保障智能建筑安全、可靠运营方面起着巨大的作用。① 它通过安装在建筑物内的多个探测器来监测火灾的迹象，如烟雾、热量和火焰。一旦探测器感应到异常，它会触发报警信号，并通过控制面板发出声音和/或视觉警报。系统的核心组成部分如下：

第一，探测器。探测器是火灾报警系统的核心组件之一，用于检测火灾存

① 叶小冬. 智能建筑火灾自动报警与消防联动系统设计研究［J］. 建筑与预算，2021（1）：47.

在的物理标志，如烟雾、高温或火焰。根据不同的检测原理和应用场景，探测器可以分为光电式、离子式、热敏式等类型。其中，光电式探测器通过检测空气中的烟雾颗粒来发现火灾，离子式探测器则基于电离空气的原理，而热敏式探测器则是通过检测环境温度的变化来发现火灾。这些探测器的不同特点和适用范围使得火灾报警系统能够更加全面地检测火灾迹象，提高火灾报警的准确性和及时性。

第二，控制面板。控制面板是火灾报警系统的“大脑”，负责接收来自探测器的信号，并在确认火灾迹象后启动报警程序。控制面板通常配备有显示屏和操作按钮，可以实时监测系统状态，并进行相应的设置和调整。其主要功能包括火灾信号处理、警报启停控制、系统自检和故障报警等。控制面板的稳定性和可靠性对于火灾报警系统的正常运行至关重要。

第三，报警装置。报警装置是火灾报警系统的声光信号发出器，用于警告建筑内的人员。它包括声音报警器和闪灯两种类型。声音报警器通常采用高音量的警报声音，以吸引人们的注意力，并指示人们采取逃生措施；闪灯则通过高亮度的闪烁光线来增强警报效果，特别适用于嘈杂环境或听力障碍人群。这些报警装置的设置位置和数量需要根据建筑物的大小、结构和使用情况进行合理规划，以确保报警信号的覆盖范围和有效性。

第四，通知系统。通知系统在火灾报警中起着关键作用，通过有线和无线两种方式传输警报信息，如电话线、网络和无线电波等。这一系统不仅确保消防部门能够及时接收到火灾警报，还能向建筑内的管理人员和相关人员发送警报通知，促使他们尽早采取应急措施。因此，通知系统的稳定性和响应速度对火灾救援工作至关重要。

第五，辅助设备。辅助设备用于增强火灾报警系统的功能和应急能力。这些设备包括手动报警按钮、紧急广播系统和图形显示装置。手动报警按钮允许人员在发现火灾时及时触发警报，紧急广播系统用于向建筑物内人员发布疏散指示和紧急通知，图形显示装置实时展示报警信息和系统状态，为应急决策提供支持。辅助设备的引入不仅提高了火灾应急响应能力，还增强了建筑内人员的火灾应对意识，优化了火灾安全管理。

二、建筑消防灭火系统及其联动控制

（一）消火栓系统及其联动控制

建筑消火栓给水系统是指为建筑消防服务的以消火栓为给水点、以水为主要灭火剂的消防给水系统。它由消火栓、给水管道、供水设施等组成。按设置位置不同，消火栓给水系统分为室内和室外系统。消防工作是关系人民生命财产安全和社会稳定的重要工作，作为消防工作的重要组成部分，消火栓给水系统的设计工作需要得到合理有效的开展。①

1. 室内消火栓系统的工作原理

在临时高压消防给水系统中，系统设有消防水泵和高位消防水箱。当火灾发生后，现场人员可以打开消火栓箱，将水带与消火栓栓口连接，打开消火栓的阀门，消火栓即可投入使用。

按下消火栓箱内的按钮向消防控制中心报警，同时设在高位水箱出水管上的流量开关和设在消防水泵出水干管上的压力开关，或报警阀压力开关等开关信号应能直接启动消防水泵。

在供水初期，消防水泵的启动需要一定的时间，其初期供水由高位消防水箱来供给。

对于消防水泵的启动，还可由消防泵房、消防控制中心控制，消防水泵一旦启动便不得自动停泵，其停泵只能由现场手动控制。

2. 消火栓系统的联动控制

消火栓系统的控制设计应确保灵活性与可靠性，以应对火灾期间的紧急响应需求。在设计中，低压压力开关、流量开关或报警阀压力开关等信号装置，可作为触发信号，直接启动消防水泵，确保消防水泵的及时运转。此类信号的控制机制应具备独立性，不受消防联动控制器工作状态（自动或手动）影响，从而保障系统在任何情况下的正常运行。

若系统中配置了消火栓按钮，其动作信号应不仅用于报警，还应作为启动消

---

① 杨世协. 建筑消火栓给水系统设计的几点探讨［J］. 百科论坛电子杂志，2020（20）：4324.

火栓泵的触发信号，能够通过消防联动控制器实现与泵的联动启动。这一设计进一步增强了操作的简便性和系统的响应速度，确保在火灾发生初期能迅速启用消防设施。

在手动控制模式下，消防水泵的控制应通过专用线路将启动与停止按钮连接至消防控制室内的消防联动控制器手动控制盘。此方式能够确保工作人员在特殊情况下可以直接控制泵的启停，增强了手动操作的灵活性与应急响应能力。

（二）自动喷水灭火系统及其联动控制

自动喷水灭火系统是由洒水喷头、报警阀组、水流报警装置（水流指示器或压力开关）等组件，以及管道、供水设施等组成的能在发生火灾时喷水的自动灭火系统。自动喷水灭火系统在保护人身和财产安全方面具有安全可靠、经济实用、灭火成功率高等优点，广泛应用于工业建筑和民用建筑。

1. 自动喷水灭火系统的分类

自动喷水灭火系统根据所使用喷头的型式，可分为闭式和开式两大类；根据系统的用途和配置状况，自动喷水灭火系统又分为湿式、干式、预作用、雨淋、水幕（防火分隔水幕和防护冷却水幕）、防护冷却及自动喷水—泡沫联用系统等。

（1）湿式自动喷水灭火系统

湿式自动喷水灭火系统（以下简称“湿式系统”）由闭式喷头、湿式报警阀组、水流指示器或压力开关、供水与配水管道以及供水设施等组成，在准工作状态时，配水管道内充满用于启动系统的有压水。

湿式系统是应用最广泛的自动喷水灭火系统之一，适合在环境温度不低于 4 ℃ 且不高于 70 ℃的环境中使用。在温度低于 4 ℃的场所使用湿式系统，存在系统管道和组件内充水冰冻的危险；在温度高于 70 ℃的场所采用湿式系统，存在系统管道和组件内充水蒸汽压力升高而破坏管道的危险。

（2）干式自动喷水灭火系统

干式自动喷水灭火系统（以下简称“干式系统”）由闭式喷头、干式报警阀组、水流指示器或压力开关、供水与配水管道、充气设备以及供水设施等组成，在准工作状态时，配水管道内充满用于启动系统的有压气体。干式系统的启动原理与湿式系统相似，只是将传输喷头开放信号的介质由有压水改为有压气体。

干式系统适用于环境温度低于 4 ℃或高于 70 ℃的场所。干式系统虽然解决了湿式系统适用于高、低温环境场所的问题，但由于准工作状态时配水管道内没有水，喷头动作、系统启动时必须经过一个管道排气、充水的过程，因此会出现滞后喷水现象，不利于系统及时控火灭火。

（3）预作用自动喷水灭火系统

预作用自动喷水灭火系统（以下简称“预作用系统”）是一种结合了自动喷水技术与火灾报警系统的灭火装置，主要由闭式喷头、预作用装置、水流报警装置、供水与配水管道、充气设备及供水设施等组成。在系统的准工作状态下，配水管道内保持不充水状态，只有在火灾发生时，通过火灾报警系统的信号，充气管道上的压力开关与预作用装置联动，从而启动消防水泵，进而转变为湿式系统运行模式。这一设计使得预作用系统在操作过程中，能够避免湿式系统和干式系统的某些局限性，特别是在防止误喷的同时，能够保证系统在火灾发生时迅速响应。

与湿式系统和干式系统相比，预作用系统具有显著的优势。由于其结合了自动报警与预作用装置的控制特点，系统能够有效克服干式系统在低温或高温环境下发生喷头开放后延迟喷水的缺点。因此，预作用系统尤其适用于那些严禁误喷且对水源要求严格的场所，如一些特殊环境中的建筑物。

（4）雨淋自动喷水灭火系统

雨淋自动喷水灭火系统（以下简称“雨淋系统”）由开式喷头、雨淋报警阀组、水流报警装置、供水与配水管道以及供水设施等组成。它与前三种系统的不同之处在于，雨淋系统采用开式喷头，由雨淋报警阀控制喷水范围，由配套的火灾自动报警系统或传动管控制，自动启动雨淋报警阀组和启动消防水泵。

雨淋系统的喷水范围由雨淋阀控制，在系统启动后立即大面积喷水。因此，雨淋系统主要适用于须大面积喷水、快速扑灭火灾的特别危险的场所。火灾的水平蔓延速度快，闭式喷头的开放不能及时使喷水有效覆盖着火区域，或室内净空高度超过规定高度且必须迅速扑救初期火灾，或火灾危险等级属于严重危险级Ⅰ级的场所，应采用雨淋系统。

2. 自动喷水灭火系统的联动控制

（1）湿式系统、干式系统的联动控制

湿式系统、干式系统由消防水泵出水干管上设置的压力开关、高位消防水箱出水管上的流量开关和报警阀组压力开关直接自动启动消防水泵。快速排气阀入口前的电动阀应在启动消防水泵的同时开启。湿式系统和干式系统的联动控制设计，应符合下列规定：

第一，联动控制方式，应由湿式/干式报警阀压力开关的动作信号作为触发信号，直接控制启动喷淋消防泵，联动控制不应受消防联动控制器处于自动或手动状态影响。

第二，手动控制方式，应将喷淋消防泵控制箱（柜）的启动、停止按钮，用专用线路直接连接至设置在消防控制室内的消防联动控制器的手动控制盘，直接手动控制喷淋消防泵的启动、停止。

（2）预作用系统的联动控制

第一，联动控制方式，应由同一报警区域内两个及两个以上独立的感烟火灾探测器或一个感烟火灾探测器与一个手动火灾报警按钮的报警信号，作为预作用阀组开启的联动触发信号。由消防联动控制器控制预作用阀组的开启，使系统转变为湿式系统；当系统设有快速排气装置时，应联动控制排气阀前的电动阀开启。

第二，手动控制方式，应将喷淋消防泵控制箱（柜）的启动、停止按钮，预作用阀组和快速排气阀入口前的电动阀的启动、停止按钮，用专用线路直接连接至设置在消防控制室内的消防联动控制器的手动控制盘，直接手动控制喷淋消防泵的启动、停止及预作用阀组和电动阀的开启。

第三，水流指示器、信号阀、压力开关、喷淋消防泵的启动和停止的动作信号，有压气体管道气压状态信号和快速排气阀入口前电动阀的动作信号应反馈至消防联动控制器。

（3）雨淋系统的联动控制

第一，联动控制方式，联动控制的启动应依赖于同一报警区域内的两个或更多独立感温火灾探测器，或通过感温火灾探测器与手动火灾报警按钮的结合，来产生触发雨淋阀组开启的信号。这一过程由消防联动控制器进行控制，以保证在火灾发生初期，灭火系统能够迅速启动，最大限度减少火灾蔓延的风险。

第二，手动控制方式，允许通过设置在消防控制室内的专用线路直接连接至消防联动控制器的手动控制盘，操作人员能够直接控制雨淋消防泵及雨淋阀组的启动与停止。这种控制方式为紧急情况下的人工干预提供了便利，确保在自动化系统无法及时响应时，仍能保证灭火系统的有效运作。

第三，水流指示器、压力开关以及雨淋阀组和雨淋消防泵的启动与停止动作信号，应及时反馈至消防联动控制器。这一反馈机制不仅有助于监控系统的运行状态，也能确保在各个环节之间形成闭环控制，进一步提升系统的稳定性与可靠性。

（三）干粉灭火系统及其联动控制

干粉灭火系统是由干粉供应源通过输送管道连接到固定的喷嘴上，通过喷嘴喷放干粉的灭火系统。

1. 干粉灭火系统的主要组成

干粉灭火系统在组成上与气体灭火系统类似。干粉灭火系统由干粉灭火设备和自动控制两大部分组成。前者由干粉储存容器、驱动气体瓶组、启动气体瓶组、减压阀、管道及喷嘴组成，后者由火灾探测器、信号反馈装置、报警控制器等组成。

2. 干粉灭火系统的控制方式

（1）自动控制方式

保护对象一旦发生火灾，探测器温度上升至预定值后会发出火灾信号，传递至控制器。控制器接收到信号后，将自动启动相关报警设备，如声光报警器和警铃。当启动机构收到控制器发出的启动信号后，启动瓶将被触发，瓶内的氮气通过管道驱动高压气体瓶组的瓶头阀打开，释放出高压气体。气体进入集气管，经过高压阀再进入减压阀，经过减压处理至规定压力后，通过进气阀进入干粉储罐。此时，干粉灭火剂将在储罐内被搅动，形成便于流动的气粉混合物。当储罐内的压力达到设定值时，定压动作机构启动，打开干粉罐的出口球阀，干粉灭火剂随即通过总阀门、选择阀、输粉管道及喷嘴喷向火源，从而实现灭火。

然而，火灾探测系统在实际运行过程中，任何类型的探测器都会受到环境和设备质量的影响，可能会发生误报情况。为了提高系统的可靠性，并避免因误报导致灭火系统误动作，从而带来经济损失，通常在保护场所内安装多种探测器，或使用两组相同类型的探测器进行复合探测。

（2）手动控制方式

手动启动装置是防护区内或保护对象附近的人员发现火险时启动灭火系统的手段之一，因此要求手动启动装置安装在靠近防护区或保护对象同时又是能够确保操作人员安全的位置。为了避免操作人员在紧急情况下错按其他按钮，故要求所有手动启动装置都应明显地标出其对应的防护区或保护对象的名称。

手动紧急停止是在系统启动后的延迟时段内发现不需要或不能够实施喷放灭火剂的情况时可采用的一种使系统中止的手段。产生这种情况的原因很多，如有人错按了启动按钮；火情未到非启动灭火系统不可的地步，可改用其他简易灭火方法；区域内还有人员尚未完全撤离等。一旦系统开始喷放灭火剂，手动紧急停止装置便失去了作用。启用紧急停止装置后，虽然系统控制装置停止了后续动作，但干粉储罐增压仍然继续，系统处于蓄势待发的状态，这时仍有可能需要重新启动系统，释放灭火剂。例如有人错按了紧急停止按钮、防护区内被困人员已经撤离等，所以要求在使用手动紧急停止装置后，手动启动装置可以再次启动。

根据使用对象和场合的不同，灭火系统也可与感温、感烟探测器联动。在经常有人的地方也可采用半自动操作，即人工确认火灾，启动手动按钮就完成了全部喷粉灭火动作。

三、建筑消防电气系统及其联动控制

（一）消防应急照明和疏散指示系统

消防应急照明和疏散指示系统是指在发生火灾时，为人员疏散、逃生、消防作业提供指示或照明的各类灯具，是建筑中不可缺少的重要消防设施。正确地选择消防应急灯具的种类，合理地设计、安装及科学地使用消防应急灯具，对充分发挥系统的性能，保证消防应急照明和疏散指示标志在发生火灾时能有效地指导人员疏散和消防人员的消防作业，具有十分重要的作用和意义。

1. 消防应急照明和疏散指示系统的分类

消防应急照明和疏散指示系统按照灯具的应急供电方式与控制方式的不同，分为自带电源非集中控制型、自带电源集中控制型、集中电源非集中控制型、集中电源集中控制型四类系统。

（1）自带电源非集中控制型系统

自带电源非集中控制型系统由应急照明配电箱和消防应急灯具组成。消防应急灯具由应急照明配电箱供电。

自带电源非集中控制型系统连接的消防应急灯具均为自带电源型，灯具内部自带蓄电池，工作方式为独立控制，无集中控制功能。

（2）自带电源集中控制型系统

自带电源集中控制型系统由应急照明控制器、应急照明配电箱及消防应急灯具构成。该系统的核心特点在于，消防应急灯具通过应急照明配电箱获得电力供应，而其工作状态则由应急照明控制器统一管理与调控。自带电源集中控制型系统中的消防应急灯具配备了独立的蓄电池，确保在正常电源断电的情况下能够进行应急照明。尽管每盏消防应急灯具都具有独立电源，但其应急转换的操作与控制仍由应急照明控制器实现，从而保证整个系统在紧急情况下的统一响应与协调作业。

（3）集中电源非集中控制型系统

集中电源非集中控制型系统主要由应急照明集中电源、应急照明分配电装置以及消防应急灯具组成。在该系统中，应急照明集中电源通过应急照明分配电装置为各个消防应急灯具提供工作电源。与自带电源集中控制型系统不同，集中电源非集中控制型系统中的消防应急灯具不具备内置电源，其工作电源完全依赖于集中电源的供电。该系统的工作方式为独立控制，每个灯具的工作状态由各自独立的控制机制进行调节，缺乏集中式的管理与控制。

（4）集中电源集中控制型系统

集中电源集中控制型系统由应急照明控制器、应急照明集中电源、应急照明分配电装置和消防应急灯具组成。应急照明集中电源通过应急照明分配电装置为消防应急灯具供电，应急照明集中电源和消防应急照明灯具的工作状态受应急照明控制器控制。集中电源集中控制型系统连接的消防应急灯具的电源由应急照明集中电源提供，控制方式由应急照明控制器集中控制。

2. 消防应急照明和疏散指示系统的性能要求

消防应急照明和疏散指示系统在发生火灾事故状况下，所有消防应急照明和标志灯具转入应急工作状态，为人员疏散和消防作业提供必要的帮助，因此响应迅速、安全稳定是对系统的基本要求。

（1）应急转换时间

应急转换时间是指系统从正常运行状态切换到应急模式所需的时间。在建筑消防工程中，应急转换时间是评估系统性能和应对火灾等紧急情况的重要指标之一。根据规范要求，系统的应急转换时间一般不应大于 5 s，而对于高危险区域，如易燃易爆场所或人员密集区域，则应急转换时间更为严格，不应大于 0.25 s。严格保证应急转换时间满足要求对于保障建筑内人员的生命安全至关重要。在火灾等紧急情况下，每一秒都可能影响到人员的生存。如果应急转换时间过长，可能会导致火势蔓延、人员无法及时疏散等严重后果。因此，规范对于应急转换时间的要求是十分严格的。

（2）应急工作时间

系统的应急工作时间不应小于 90 min，且不小于灯具本身标称的应急工作时间。系统选用的蓄电池在投入使用的过程中必须满足国家标准要求，考虑到电池在日常充电老化中容量会自然下降，工作环境温度的变化也会导致电池释放容量发生变化，因此，规范要求系统的应急工作时间要低于产品标准的要求。

（3）标志灯具的表面亮度

①仅用绿色或红色图形构成标志的标志灯，其标志表面最小亮度不能小于 50 cd/m^2，最大亮度不大于 300 cd/m^2；②用白色与绿色组合或白色与红色组合构成的图形作为标志的标志灯，表面最小亮度不小于 5 cd/m^2，最大亮度不大于 300 cd/m^2，白色、绿色或红色本身最大亮度与最小亮度比值不大于 10，白色与相邻绿色或红色交界两边对应点的亮度比不小于 5 且不大于 15。

（4）照明灯具的光通量

消防应急照明灯具在应急状态下的光通量不能低于其标称的光通量，且不小于 50 lm。

（5）系统自检

系统主电持续工作 48 h 后，每隔（30±2）d 自动由主电工作状态转入应急工作状态并持续 30~180 s，然后自动恢复到主电工作状态。系统主电持续工作每隔 1 年自动由主电工作状态转入应急工作状态并持续至放电终止，然后自动恢复到主电工作状态，持续应急工作时间不少于 30 min。

（6）应急转换控制

在消防控制室，应设置能强制使消防应急照明和疏散指示系统切换至应急状态的手动控制装置。在设置了火灾自动报警系统的场所，该系统的切换和应急投入也应接受火灾自动报警系统的联动控制。

3. 消防应急照明和疏散指示系统的设计要求

发生火灾后，消防应急照明和疏散指示系统控制所有消防应急照明和标志灯具立即转入应急工作状态，帮助人员安全、迅速、有序地逃生，防止发生次生灾害。

（1）设计的一般要求

第一，应急转换时间。在火灾突发的情况下，如果正常照明中断，极易引起人们恐慌。对于环境熟悉的一般场所，人员在几秒钟之内即产生逃生的本能反应，此时照明中断可能引起较大混乱，对于人员密集场所，人员流动性大，人员特征和状态复杂，如商场、机场和车站等大型公共建筑，较长的中断照明时间极易导致撞伤、踩伤等伤亡情况发生。因此，高危险区域的应急转换时间不应大于 0.25 s，其他场所的应急转换时间不应大于 5 s。

第二，灯具在蓄电池电源供电时的持续应急工作时间：①建筑高度大于 100 m 的民用建筑，不应小于 90 min；②医疗建筑、老年人建筑、总建筑面积大于 10 万平方米的公共建筑和总建筑面积大于 2 万平方米的地下、半地下建筑，不应小于 60 min。

（2）供电设计

第一，在平面疏散区域的供电设计中，应急照明系统的电力供应应根据防火分区的布局和建筑需求进行合理配置。应急照明的主电源通常采用树干式或放射式供电方式，通过应急照明总配电柜进行管理和分配。为了确保各个区域在紧急情况下的照明需求，每个防火分区应设有独立的应急照明配电箱、应急照明集中电源或分配电装置。在非人员密集场所，为了优化供电系统，可以考虑在多个防火分区中设置一个共用的应急照明配电箱，但每个防火分区的应急照明回路应保持独立。此外，应急照明配电箱的主电源需从相应防火分区的备用照明配电箱获取电力供应。若多个防火分区共用同一应急照明配电箱，主电源应优先选用应急电源干线或备用照明配电箱的供电侧，以确保应急照明系统的可靠性与稳定性。

大于 2000 m^2的防火分区应单独设置应急照明配电箱或应急照明分配电装置；小于 2000 m^2的防火分区可采用专用应急照明回路；当应急照明回路沿电缆管井垂直敷设时，公共建筑应急照明配电箱的供电范围不宜超过 8 层，住宅建筑不宜超过 16 层；一个应急照明配电箱或应急照明分配电装置所带灯具覆盖的防火分区总面积不宜超过 4000 m^2，地铁隧道内不超过该区段的 1/2，道路交通隧道内不超过 500 m。

当应急照明集中电源和应急照明分配电装置在同一平面层时，应急照明电源采用放射式供电方式；当两者不在同一平面层，且配电分支干线沿同一电缆管井敷设时，应急照明集中电源可采用放射式或树干式供电方式。商住楼的商业部分与居住部分应分开，并单独设置应急照明配电箱或应急照明集中电源。

第二，垂直疏散区域及其扩展区域的供电可按一个独立的防火分区考虑，并采用垂直配电方式；建筑高度超过 50 m 的每个垂直疏散通道及扩展区宜单独设置应急照明配电箱或应急照明分配电装置。

第三，避难层及航空疏散场所的供电。避难层及航空疏散场所的消防应急照明由变配电所放射式供电。

第四，消防工作区域及其疏散走道的供电。消防控制室高低压配电房、发电机房及蓄电池类自备电源室、消防水泵房、防烟及排烟机房、消防电梯机房、BAS 控制中心机房、电话机房、通信机房、大型计算机房、安全防范控制中心机房等在发生火灾时有人员值班的场所，应同时设置备用照明和疏散照明；楼层配电间（室）及其他在发生火灾时无人员值班的场所可不设置备用照明和疏散照明；备用照明可采用普通灯具，并由双电源供电。

第五，灯具配电回路。AC220 V 或 DC216 V 灯具的供电回路工作电流不宜大于 10 A，安全电压灯具的供电回路工作电流不宜大于 5 A，每个应急供电回路所配接的灯具数量不宜超过 64 个，应急照明集中电源经应急照明分配电装置配接消防应急灯具，应急照明集中电源、应急照明分配电装置及应急照明配电箱的输入及输出配电回路中不要装设剩余电流动作脱扣保护装置。除高大空间场所外，疏散区域内的应急工作电压均应采用安全电压。

第六，应急照明配电箱及应急照明分配电装置的输出回路不超过 8 路，采用安全电压时的每个回路输出电流不大于 5 A，采用非安全电流时的每个回路输出电流不大于 10 A。

（3）非集中控制型系统的设计

第一，系统应急转换的实现方式。在未设置火灾自动报警系统的场所，当正常照明中断时，应急系统应及时转入应急工作状态，确保在关键时刻为人员疏散提供足够的光照。而在已设置火灾自动报警系统的场所，系统则通过自动化联动机制，将火灾自动报警系统与应急照明系统的配电箱进行协调，以实现系统从正常工作状态到应急状态的无缝转换。针对不同类型的应急照明系统，集中电源与非集中电源的配置要求有所不同，但无论如何，系统设计必须确保在火灾等紧急情况下，能够自动或手动迅速切换至应急模式，从而保障人员安全。

第二，应急照明系统中集中电源和分配电装置的设计原则。应急照明集中电源的控制装置通常应设于消防控制室内，以便进行集中监控和管理。对于未设置消防控制室的建筑，其控制装置则应设置在有人员值班的场所，以确保在紧急情况下能快速响应。对于集中设置蓄电池组的系统，设计时应确保控制装置能够手动调节应急照明分配电装置的工作状态。而对于分散设置蓄电池组的系统，则应在每个蓄电池组及其转换装置上配备手动控制功能，以便在必要时进行独立控制，保证整个建筑的应急照明系统在断电时仍能可靠运行。

（4）集中控制型系统的设计

第一，集中控制型系统的控制方式。接收到火灾自动报警系统的火灾报警信号或联动控制信号后，应急照明控制器控制相应的消防应急灯具转入应急工作状态。

自带电源集中控制型系统，由应急照明控制器控制系统内的应急照明配电箱和相应的消防应急灯具及其他附件实现工作状态的转换。

集中电源集中控制型系统，由应急照明控制器控制系统内的应急照明集中电源、应急照明分配电装置和相应的消防应急灯具及其他附件实现工作状态的转换。

第二，应急照明控制器的设计。当系统内仅有一台应急照明控制器时，应急照明控制器设置在消防控制室或有人员值班的场所，当系统内有多台应急照明控制器时，主控制器设置在消防控制室内，其他控制器可设置在配电间等场所内。每台应急照明控制器直接控制的应急照明集中电源、应急照明分配电装置、应急照明配电箱和消防应急灯具等设备总数不大于3200个。应急照明控制器的主电源由消防电源供电，应急照明控制器的备用电源至少使控制器在主电源中断后工作3 h。

（二）消防应急广播系统

消防应急广播系统在火灾逃生疏散和灭火指挥中扮演着重要角色，广泛应用于公共建筑中，以满足消防安全法规要求。该系统在消防控制管理中具有不可替代的作用，尤其在火灾发生时，能够及时发出疏散指令、报警信息及指挥调度内容。

消防应急广播系统由广播控制器、智能功率放大器和广播音箱等组成。在火灾发生时，系统通过音源设备发出应急广播信号，经功率放大后，由指定区域的音箱播放，确保广播的覆盖范围。数字化可寻址广播系统的引入，使得信号传输更加稳定，并提升了系统的功能性与适应性。

新型消防应急广播系统采用载波通信技术，音频信号、通信和供电通过双线制传输，并借助数字音频处理技术，实现高保真音频输出。系统还支持远程联动控制，并可通过FM、USB、SD卡等多种音源输入方式，满足不同应用需求。通过这些技术创新，消防广播系统不仅提高了应急指挥的效率，也使公共广播更加便捷、可靠。

1. 消防广播系统的主要组成

消防广播系统分为多线制和总线制两种。一般由终端扬声器、信号放大部分（功率放大器）、信号处理部分（广播主机等）、多线制广播分配盘（多线制专用）、广播模块（总线制专用）和消防广播音源（紧急音源）（如录放机卡座、CD机等）组成（现在的消防广播音源一般采用数字化的方式成为主机的部分功能）。由于其系统结构和传统的背景音乐系统相类似，所以很多建筑都采用了背景音乐兼紧急广播系统的方式，这样明显降低了整体的成本。

2. 消防广播系统的联动控制

消防应急广播系统的联动控制信号应由消防联动控制器发出。当确认火灾后，应同时向全楼进行广播。

公共广播系统将背景音乐广播系统和消防紧急广播系统有机地合二为一，使得公共广播系统具有背景音乐广播和消防紧急广播双重功能，可节省工程造价。

广播分路盘控制划分。广播分路盘每路功率是定量的，一般一路可接 8~10 个 3W 扬声器。分路配置应以报警区划分，以便于联动控制。

公共广播系统具备两个主要功能：正常情况下，公共广播系统播放背景音乐和广播通知；当发生紧急事故（如火灾）时，可根据程序指令自动（或手动）切换到紧急广播工作状态，公共广播系统可与消防系统自动连接，消防控制中心的传声器和数控式录音机接入公共广播系统，发出火灾警报声讯，能对出事区域实现自动选区或手动选区进行紧急广播。

根据火灾自动报警系统设计规范：①消防应急广播的单次语音播放时间宜为 10~30 s，应与火灾声警报器分时交替工作，可采取 1 次火灾声警报器播放、1 次或 2 次消防应急广播播放的交替工作方式循环播放；②在消防控制室应能手动或按预设控制逻辑联动控制选择广播分区、启动或停止应急广播系统，并应能监听消防应急广播在通过传声器进行应急广播时，自动对广播内容进行录音；③消防控制室内应能显示消防应急、广播分区的工作状态；④消防应急广播与普通广播或背景音乐广播共用时，应具有强制切入消防应急广播的功能。

第三节　消防安全社会化服务云平台

基于物联网、大数据和云计算技术构建的综合性消防安全社会化监控与服务信息平台，标志着智慧消防技术的进一步应用和深化。该平台通过集成城市消防远程监控、隐患排查、网格化管理、消防安全教育、评估与风险预测等多维数据，为实现全面、精确的消防安全管理提供了强有力的技术支撑。平台的核心功能在于通过先进的火灾风险定量评估技术，整合社会单位的防火巡查、消防设施管理、维保服务等环节，确保能够及时发现和消除潜在的火灾隐患，从而显著提高社会公众和单位的消防安全意识。

消防安全社会化服务云平台实现了全天候、可视化的消防设施状态监测，能够实时智能评估火灾风险，并通过差异化、精准化的安全监督，提供个性化的防控方案。无论是公共用户、社会单位还是政府监管部门，都能够通过该平台实现高效的信息交互和管理决策。这种一站式服务模式不仅提升了消防安全管理的效率和准确性，还促进了社会化、智能化的消防服务体系建设，推动了国内消防安全问题的系统化解决。

总体而言，消防安全社会化服务云平台代表了一种新型的技术驱动的解决方案，它在集成各类信息服务的同时，强化了消防安全管理的全局观念，具有广泛的实际应用价值。

一、火灾隐患社会化整治信息子系统

火灾隐患社会化整治信息子系统是基于物联网和移动互联技术将个人、网格员、社会单位以及消防部门等多方面力量纳入火灾隐患整治流程中，构建完备的火灾隐患排查与举报机制，并针对具体火灾隐患问题建立快速有效的处理流程，形成自下而上和自上而下两条线，对消防隐患进行综合整治。子系统搭建覆盖全国的火灾隐患社会化信息平台，实现“前台统一受理、后台社会化协同”的实时在线业务处理模式，为构建消防安全社会化服务云平台提供有力的数据保障。火灾隐患社会化信息平台以互联网和物联网技术为核心，采用 B/S 结构或者 CIS 结构，搭建常态化的火灾隐患排查机制，以社会单位火灾隐患排查、防火监督部门火灾隐患核查为主线，开发基于多媒体的移动互联网火灾隐患社会化整治信息系统，对火灾隐患的排查、举报、受理、核实、督办、整改、公布进行全流程精细化管理。实现火灾隐患在举报、核实、排查等环节的社会化协同，社会单位隐患发现能力定量评价，以及社会化任务的自动调度等功能。

为了实现子系统的功能，在设计手持终端平台时，针对个人用户、消防部门用户、社会单位用户以及消防网格化管理员开设了不同的模块与功能，方便各类不同用户进行火灾隐患的排查与举报，也方便系统进行社会化大数据的统计与分析。同时，系统采用满足架构约束条件和原则的 RESTful 接口设计风格，实现了客户端和服务器之间的高效信息交互，也满足了客户端对缓存数据进行改进的需求。

二、火灾风险综合评估子系统

为了向云服务平台提供全流程、准确的火灾隐患信息，系统设计了火灾风险综合评估子系统，基于多元线性回归算法和基于多层次统计评价的社会单位消防风险评估模型的多因素综合风险评估算法模型，构建了涵盖消防设施、单位履责、隐患、建筑物、维保检查、所属行业等信息组成的多层次火灾风险评价方法，该成果是利用大数据与机器学习方法解决消防实际问题的应用范例。

根据前期业务需求及数据调研，火灾风险综合评估子系统主要功能是对汇集的各类消防业务数据进行挖掘、分析和展示，通过创建的模型算法对基础数据进行规则运算，形成社会单位风险得分，发现主要的火灾风险隐患，指导社会单位进行隐患整改，方便监管部门进行监督管理。

系统主要功能包括数据展示、算法分析、报警接收、报警处置、系统管理等。数据展示主要是对接入的各类社会数据，按照社会单位、消防设施、单位履责等维度进行统计展示，按照每日、每月、季度、年度等维度统计设备报警、故障数量。算法分析主要根据接入单位的行业性质，依据相关国家法律法规，制定合理的评分标准，计算社会单位火灾风险得分，展现单位、区域须重点关注的火灾隐患。报警接收，系统实时接收设备的报警信息，按照用户权限，弹窗提示相关用户进行处置。报警处置，根据系统设计流程，用户系统内接收到报警信息后，第一时间到现场进行检查确认，确认后在平台填报处理过程。系统管理主要是对用户、权限、服务、日志进行管理，实现用户的新增、删除、启用、停用，权限的授予、回收，采集用户的登录、操作记录等日志信息，对外接口服务的注册、启用、停用等功能。

子系统设计了一种社会单位的防火巡查功能，基于云平台大数据实现对社会单位火灾风险的监控和管理。通过系统 App，单位安全管理人员可以在首页界面中查看各类安全信息，包括巡查任务的完成情况、当日火警、预警以及异常情况的更新，此外还能够查看支队发布的公告、火警处理进程，并确认接收到的火警信息通知。系统还提供了工作统计功能，涵盖了月度安全培训、应急演练及维保工作的完成情况，以便用户实时掌握安全管理工作的开展状况。App 界面简洁直观，右上角设置了二维码扫描、反馈意见、帮助文档等快捷入口，进一步提升了用户的操作便利性。

子系统通过采集多源数据（如物联网设备感知数据、火灾报警信息、视频监控数据等），对城市范围内的社会单位进行全面的消防隐患分析，并通过 GIS 地图在 App 界面进行展示。系统根据不同社会单位的消防隐患情况，采用图标标识和列表展示的形式，用户可以轻松查看每个单位的具体隐患情况。此外，针对每个单位的详细数据，系统以下拉表格形式呈现，确保数据内容的清晰与准确，进一步保证消防隐患通报的及时性和可操作性。这一设计有效提升了消防安全管理的精确度，确保了社会单位能够及时、明确地获取消防安全相关信息，增强了整体防火巡查和应急响应能力。

为了保障消防安全管理平台数据采集、社会单位巡查、消防设备维护等一系列功能的有效性，该子系统还专门针对后台服务端进行了研究与设计，构建了系统的后台管理平台，通过对客户端使用数据情况的监管与协调，实现消防档案的建立及多因素风险评估机制的数据统计。系统后台服务端可以查看客户端录入的各类维保信息、列表详情及客户消防隐患情况，同时还能实现对客户相关信息的添加与删除。

最后，根据风险评估算法模型的分析计算，子系统对各单位进行了风险评估打分，在本页面对各单位风险情况进行展示。系统基于所属行业、消防设施、单位履责、其他隐患、建筑物、维保检查这六个维度数据设定多因素风险评分标准，按照医院、学校、商场、养老院等行业对单位进行归集，查看本行业各单位的得分排名情况，点击单位，可查看单位的得分明细，了解单位的扣分项，展示各风险因素的优推事项和关注事项，了解风险分布，指导单位或主管部门重点关注并及时处置。

三、消防安全社会化服务云平台的构成与功能

消防安全社会化服务云平台是与后端数据中心互联互通，综合运用物联网、云计算、大数据等先进技术，实现按需分配计算、存储、网络、应用等资源的云计算平台，与现有的消防信息系统无缝对接。通过物联网收集联网单位的火灾数据信息，并存储在数据中心，消防安全化社会服务云平台关联数据中心，利用大数据统计与分析技术进行消防监控和管理信息服务，对现有数据资源进行深度挖掘应用，寻找潜在规律、提前预判风险、优化警力配置、精准调度指挥。消防安全社会化服务云平台采用分层管理机制，建立了系统化的结构体系，保障平台的稳定有效运行。

消防安全社会化服务云平台的架构包含基础设施层、数据层、平台服务层、应用层和用户层五大组成部分。

基础设施层涵盖平台运行所需的核心物理设备，如服务器、存储设备和网络设施，为平台的稳定运行提供支撑。

数据层在这一架构中起到了数据集成和处理的关键作用，通过建立高效的网络拓扑结构，整合多种来源的消防大数据，包括物联网数据、车载数据、地理信息数据及其他部门的数据。这一层的核心任务是构建数据存储与处理系统，并通过数据监控中心对系统产生的各类数据进行集中管理和分析。

平台服务层提供多项核心功能，包括基础设施服务、数据服务、平台服务、运维管理和安全监控等，所有这些服务都通过统一的虚拟化层进行整合与管理。该层的功能不仅包括资源聚合和动态管理，还包括为云平台提供全面的安全防护、监控管理和运维支持。此外，平台服务层还为消防安全社会化服务系统构建了技术框架标准，确保系统在面对海量数据时能够高效、稳定地运行。

应用层通过整合并利用平台层提供的各种功能，涵盖了消防设施管理、隐患排查、安全评估、风险预测等多项核心应用。这一层将大数据分析技术应用于消防安全领域，从而实现对大规模数据的有效处理，为消防安全提供智能化支持。

用户层包括多种不同的用户群体，既包括消防部门的专业人员，也包括社会单位、公众以及政府用户。通过桌面和移动终端，用户能够便捷地访问平台的各项服务，实现消防安全信息的实时查询与管理。

云平台基于 Hadoop 在数据存储、资源管理、作业调度、性能优化、系统高可用性和安全性方面的优势进行设计开发，打造可靠的基础和安全的数据保护。云平台的运营管理使用 Python 语言开发，便于跨平台，可移植性高，混合能力强。由数据和功能组合构建起来的云平台，结合 Python 语言的优势，能更加有效地进行管理和运营。在此基础上，云服务平台对接后端消防数据中心的实时数据信息和历史数据信息，在对搜集整合的数据进行分析的基础上，得出行业安全评级对比、区域安全评级对比、隐患及事故发生规律等内容，为消防监管、灭火救援等提供决策性依据。

消防安全社会化服务云平台能够显示实时报警待处理数、今日共接收报警数，并详细显示报警单位名称、位置和报警类型等信息。消防安全社会化服务云平台还构建了全国范围的消防安全管理地图，实现了联网单位的接入和可视化表达。全国联网单位接入包括省、市、监控中心、联网单位数量。点击后与地图进行联动，平台可以显示全国符合条件的全部联网单位所在省份、城市、联网单位，点击可进入某一省份、城市查看当前层级符合条件的所有联网单位，点击可以查看详细信息。

第七章 建筑类火灾分析与智慧消防系统灭火赋能

建筑类火灾具有突发性和破坏性，传统灭火手段存在响应滞后问题。智慧消防系统通过智能感知与实时联动，提高了灭火效率与安全性。本章主要探究建筑火灾基本规律、不同类型建筑火灾的特点、不同类型建筑火灾灭火技战术、救援现场信息采集与决策辅助系统、智能装备在灭火救援中的实战应用、信息技术在灭火救援中的融合应用。

第一节 建筑火灾基本规律

一、燃烧的条件

可燃物与氧化剂作用发生的放热反应，通常伴有火焰、发光和（或）发烟现象，称为燃烧。在时间或空间上失去控制的燃烧就形成了火灾。为了有效地控制和扑灭火灾，需要全面地了解燃烧的基本原理和规律，以便在掌握燃烧规律的基础上，通过破坏燃烧的基本条件，达到控制和扑灭火灾的目的。

（一）必要条件

为了更好地掌握灭火原理，首先应该了解物质燃烧的条件。任何物质发生燃烧，都有一个由未燃烧状态转向燃烧状态的过程。无焰燃烧过程的发生和发展，必须具备三个必要条件，即可燃物、氧化剂和温度（引火源）。人们总是用“燃烧三角形”来表示燃烧的三个必要条件。只有上述三个条件同时具备的情况下可燃物质才能发生燃烧，三个条件无论缺少哪一个，燃烧都不能发生。

用“燃烧三角形”来表示无焰燃烧的基本条件是非常确切的，但是，进一步的研究表明，对有焰燃烧，因过程中存在未受抑制的游离基（自由基）做中间体，因而燃烧三角形需要加一个坐标，形成燃烧四面体。自由基是一个高度活泼的化学基团，能与其他的自由基和分子起反应，从而使燃烧按链式反应扩展。因此，有焰燃烧的发生需要四个必要条件，即可燃物、氧化剂、温度和未受抑制的链式反应。

1. 可燃物

凡是能与空气中的氧或其他氧化剂起燃烧化学反应的物质称为可燃物。自然界中的可燃物种类繁多，按其物理状态，分为固体可燃物、液体可燃物和气体可燃物三种。

2. 氧化剂

氧化剂是能帮助和支持可燃物燃烧的物质，即能与可燃物发生氧化反应的物质称为氧化剂。燃烧过程中的氧化剂主要是氧，它包括游离的氧或化合物中的氧。空气中含有大约21%的氧，因此可燃物在大气中的燃烧以游离的氧作为氧化剂，这种燃烧是最普遍的。除了氧元素以外，某些物质也可以作为燃烧反应的氧化剂，如氟、氯等。

3. 温度

温度（引火源）是指供给可燃物与氧或助燃剂发生燃烧反应的能量来源。常见的是热能，其他还有化学能、电能、机械能等转变的热能。由于各种可燃物的化学组成和化学性质各不相同，其发生燃烧的温度也不同。

4. 链式反应

有焰燃烧都存在着链式反应。当某种可燃物受热时，它不仅会气化，而且该可燃物的分子会发生热裂解作用，即它们在燃烧前会裂解成更简单的分子。此时，这些分子中的一些原子间的共价键会发生断裂，从而生成自由基。由于它是一种高度活泼的化学形态，能与其他的自由基和分子发生反应，而使燃烧持续下去，这就是燃烧的链式反应。

（二）充分条件

具备了燃烧的必要条件，并不意味着燃烧必然发生。在各种必要的条件中，还有一个“量”的概念，这就是发生燃烧或持续燃烧的充分条件。燃烧的充分条件包括以下方面：

1. 适当的可燃物浓度

燃烧的充分条件之一是可燃物浓度处于适当范围。可燃气体或蒸气仅在浓度达到一定值时才可能燃烧或爆炸。例如，甲烷只有在浓度达到5%时才会发生燃烧。而车用汽油、灯用煤油、甲醇等在浓度不足以达到燃烧所需时，即使氧气充足且有明火，也无法发生燃烧。

2. 适当的氧气含量

各种不同的可燃物发生燃烧均有本身固定的最低含氧要求。低于这一浓度，虽然燃烧的其他必要条件全部具备，燃烧仍然不会发生。如汽油的最低含氧量要求为14.4%，煤油为15%，乙醚为12%。

3. 适当的点火能量

各种不同可燃物发生燃烧，均有本身固定的最小点火能量要求。如在化学计量浓度下，汽油的最小点火能量为0.2 mJ，乙醚（5.1%）为0.19 mJ，甲醇（2.24%）为0.215 mJ。

4. 未受抑制的链式反应

对于无焰燃烧，以上三个条件同时存在，相互作用，燃烧即会发生；而对于有焰燃烧，除以上三个条件外，燃烧过程中还须存在未受抑制的游离基（自由基）形成链式反应，使燃烧能够持续下去，亦是燃烧的充分条件之一。

二、火灾发展和蔓延

（一）火灾发展过程

火灾发展的过程分为三个阶段：第一阶段是火灾初起阶段，当时的燃烧是局部的，火势不够稳定，室内的平均温度不高；第二阶段是火灾发展到猛烈燃烧的阶段，这时火已经蔓延到整个房间，室内温度升高到1000 ℃左右，燃烧稳定，难以扑灭；第三阶段即衰减熄灭阶段，这时室内可以燃烧的东西已经基本烧光，燃烧向着自行熄灭的方向发展。

火灾初起阶段的时间，根据具体条件，可在5～20 min之间，这时的燃烧是局部的，火势发展不稳定，有中断的可能。根据这一特点，应该设法争取及早发现，把火及时控制和消灭在起火点。为此，需要安装和配备适当数量的灭火设备，创造及时发现和报警的条件。为了限制火势发展，要考虑在可能起火的部位尽量少用或不用可燃材料，或在易于起火并有大量易燃物品部位的上空设置排烟窗，这样起火后，炽热的火焰或烟气可由上部排出，燃烧时间和面积就不易扩大，降低了火灾发展蔓延的危险性。

火灾发展到第二阶段，室内的物体都在猛烈燃烧。这阶段的持续时间与起火原因无关，而主要决定于燃烧物质的数量和通风条件。为了减少火灾损失，针对火灾发展第二阶段温度高、时间长的特点，建筑设计的任务就是要设置防火分隔物（防火墙、防火门、耐火顶板等），把火限制在起火部位，使它不能很快向外蔓延。并适当地选用耐火时间较长的建筑结构，使它在猛烈的火焰作用下，保持应有的强度和稳定性，直到消防人员到达把火扑灭。

火灾发展的第三阶段，火势走向熄灭。室内可供燃烧的物质减少，门窗破坏，木结构的房顶烧穿，温度逐渐下降，直到室内外的温度平衡，把全部可燃物烧光为止。

（二）火灾蔓延

火灾蔓延实质是热传播的结果。在起火的建筑物内，火由起火房间转移到其他房间的过程，主要是靠可燃构件的直接燃烧、导热、热辐射和热的对流。

1. 火灾蔓延的形式

在建筑物内火灾蔓延的形式，和起火地点、建筑材料、物质的燃烧性能及可燃物的数量有关系。

火焰接触起火点的火舌，直接点燃周围的可燃物，使之发生燃烧，这种形式多在近距离的条件下出现。固体可燃物表面或易燃、可燃液体表面上的一点起火，通过导热升温点燃，使燃烧沿表面连续不断地向外发展下去，叫延烧。导热间隔墙一侧起火，钢筋混凝土楼板下面起火或通过管道及其他金属容器内部的高热，由墙、楼板、管壁等的一侧表面传到另一侧表面，使靠墙或堆在楼板上的易燃物升温自燃，造成火灾蔓延。热辐射起火点附近的易燃、可燃物，在没有与火源接触，又没有中间导热体做媒介的条件下而起火燃烧是由热的辐射造成的。热对流，房间内的热烟与室外冷空气比重不同，冷空气重、热烟轻，热烟气向上升腾，由窗口上部流出室外；同时室外冷空气由窗口下部补充进室内，冷空气经燃烧，受热膨胀又向上升腾，这样循环不断，出现热对流现象。

2. 火灾蔓延的途径

（1）内墙门

燃烧的房间，开始时往往只有一个，而火最后能蔓延到整个建筑物，其原因大多数都是因内墙的门没能把火挡住，火烧穿内门，窜到走廊，再通过相邻房间开敞的门进入邻间。

（2）间隔墙

当隔墙为木板时，火很容易穿过木板缝，窜到另一面，同时木板极易燃烧。隔墙为板条抹灰墙，受热时，内部首先自燃，直到背火面的抹灰层破裂，火才能够蔓延过去。当隔墙为非燃烧体，但墙体厚度很小时，隔壁靠墙堆放的易燃物体，可能因为墙的导热和辐射而自燃起火。

（3）楼板

由于热气流向上的特性，火总是要通过楼板上的开口、楼梯口、电梯井或设备吊装孔向上蔓延，垂直方向的火蔓延很快，烟的垂直流速为 3~4 m/s，烟在水平方向的流速为 0.3~0.5 m/s。可见，向上蔓延的危险性是很大的。

（4）闷顶

闷顶内往往是没有采取防火分隔措施的较大的空间，有些是木质材料和大量的有机保温材料，加上通风的条件，很容易发展成稳定的燃烧或阴燃，起火后，通过闷顶内孔洞向四处蔓延，又不易被人们发觉，待发现时，火已蔓延成灾，难于扑救了。

三、结构倒塌与破坏

（一）结构倒塌的规律

结构倒塌的发生机制往往受到建筑材料性质、结构构造方式及火灾作用模式的多重影响。从不同结构形式的受火表现来看，结构倒塌并非随机发生，而呈现出一定的内在规律性。在火灾荷载作用下，建筑构件因受热变形、强度削弱或连接失效而导致整体稳定性破坏，进而诱发结构连续倒塌的连锁反应。

木结构屋顶通常表现出局部破坏较多、整体倒塌较少的特点。这种现象主要源于木材热导率低、燃烧速度相对缓慢，使得热量扩散不易在短时间内造成整体结构的协同失效，且部分未受火部位仍具承载能力，从而延缓整体垮塌的发生。然而，在钢结构屋顶中，局部构件一旦因高温失稳或连接点破坏而垮塌，往往会通过结构体系的整体作用机制，带动尚未受火或受火较轻的部位共同失效，进而引发较大范围的整体倒塌。这种“连带失效”主要归因于钢材在高温下强度骤降和热膨胀引起的构造不协调性，进而破坏结构的整体受力平衡。

从建筑构件类型分析，吊顶、屋架、木楼板、空心板条墙等构件因其自重较轻、截面尺寸较小、耐火性能较差，极易在高温作用下失去稳定性或失去支撑条件，成为火灾中首先垮塌的部分。此外，整体构造中使用大量易燃材料的建筑，其结构系统更容易因火势蔓延迅速而丧失局部承载能力，从而触发进一步倒塌。

（二）结构倒塌与破坏的原因

在火灾条件下，建筑结构的倒塌与破坏是多因素共同作用的结果，体现出材料性能退化、结构受力失衡与环境应力剧变之间的复杂相互关系。火灾不仅改变了结构材料的物理与力学属性，也打破了建筑系统原有的稳定平衡，进而引发结构整体或局部的破坏过程。

从材料层面分析，建筑结构在高温作用下普遍存在强度衰减的问题。木结构虽然在表面炭化后具备一定的隔热效应，但其截面因烧蚀而缩小，导致有效承载能力下降。若剩余截面不能满足设计荷载需求，则结构将不可避免地发生破坏。因此，在设计阶段应综合考虑炭化速率、截面有效性与安全储备，确保结构在火灾初期具备合理的剩余承载能力。

钢结构对温度变化极为敏感。在火场环境中，钢材在短时间内即表现出塑性变形，其屈服强度、极限强度及弹性模量在600 ℃以上急剧下降，结构整体刚度随之降低。当局部构件因屈服而失效时，其力学功能的丧失会通过结构系统的内力重分布传递至其他构件，从而形成连锁式破坏，最终导致整体失稳。此外，钢结构一旦遭受高温破坏，其微观组织结构严重受损，往往无法通过常规手段修复或复用。

砖石砌体结构在受热条件下容易发生开裂，其脆性材料特性在高温环境中更加显著，热胀冷缩作用引起的应力集中常导致砌体失去整体性。同时，预应力混凝土结构在火灾中尤为脆弱，因高温会迅速削弱预应力筋的张拉力，致使结构丧失预应力带来的附加承载力。因此，为保障其耐火性能，须合理加厚钢筋保护层，以降低热传导速率并延长失效时间。

高温条件本身也会在结构内部产生复杂的热应力场，使结构承受额外的内力作用，加速局部裂缝的扩展与构件稳定性的削弱。而在火灾诱发的爆炸冲击波影响下，建筑结构将遭受瞬时强大外力，其破坏形式多表现为直接破碎或局部断裂，进一步降低整体结构的完整性和抗力水平。

结构二次受载也是造成倒塌的关键因素。当上部结构失稳坠落至下层楼板，或灭火过程中水分被楼板上的物资大量吸收，楼板所承受的荷载将显著增加，进而引起超载塌落。尤其在钢筋混凝土结构尚处于高温状态时遭遇灭火水冷，热胀冷缩的不均匀变化可能导致表层剥落和保护层破坏，使主拉钢筋暴露于高温之中，加速其性能退化，从而引发结构核心承载力丧失。

第二节　不同类型建筑火灾的特点

一、高层建筑火灾扑救的特点

高层建筑主要有高层民用建筑和高层工业建筑两大类。我国的高层民用建筑是指 10 层或 10 层以上的居住建筑，以及建筑高度超过 24 m 的公共建筑；高层工业建筑是指建筑高度超过 24 m 的 2 层及 2 层以上的厂房和库房。高层建筑由于高度大、层数多、结构复杂、人员密集，火灾时燃烧猛烈、蔓延迅速，极易形成立体燃烧，给火灾扑救带来极大挑战。高层建筑火灾不仅具有一般建筑火灾的典型特征，还具有易形成立体燃烧、人员疏散困难以及火灾扑救难度大等特点。加强高层建筑火灾防控，既要在建筑设计和日常管理上严格把关，也要在火灾扑救技战术上精益求精，通过不懈努力，最大限度降低火灾风险，确保人民生命财产安全。①

（一）火灾扑救难度大

高层建筑的高度和复杂结构，使消防人员的灭火作战更加艰巨和复杂。

---

① 潘辉龙. 高层建筑灭火救援的难点与要点分析［J］. 今日消防，2025，10（1）：77.

1. 战术意图实现难

高层建筑火灾扑救，由于楼层高，消防人员、装备到位慢，火场供水难度大，火场指挥员要实现战术意图常常很困难。

（1）人员、装备和战斗展开慢

高层建筑较高楼层发生火灾，除少数消防人员可利用消防直升机和举高消防车登高外，大多数只能依赖内部楼梯和电梯登高。如果火势较大或燃烧时间较长，使用电梯也不安全时，只能沿疏散楼梯登高。因此，高层建筑灭火救援时，可供登高进攻的途径非常有限。同时，消防人员通过楼梯登高会消耗很大的体力，还会遇到向下疏散人流的影响，既影响灭火时间，也影响后续救援灭火。

（2）火场供水难度大

我国高层建筑在设计消防给水能力时，由于受诸多因素的限制，难以考虑较大火灾的灭火用水需求，而高层建筑空间布局的复杂性，采用垂直铺设水带难度比较大，往往需要较长的时间，容易贻误战机，使火势扩大。

（3）玻璃幕墙坠落影响大

玻璃幕墙受高温或火焰作用易碎裂形成“玻璃雨”，像“飞行尖刀”一样下坠，极易造成人员伤亡和消防装备损坏，严重影响灭火救援战斗行动，妨碍指挥员战术意图的实现，尤其是高压供水线路上的水带最易被刺穿。

2. 设施及装备要求高

扑救高层建筑火灾，需要充分发挥固定消防设施和移动消防装备的作用，虽然消防设备设施均取得了长足的进步，但还难以满足高层建筑灭火实战的需求。

（1）灭火剂供给有难度

现有消防车的供水能力和供水器材的耐压强度难以满足高层建筑火灾救援的需要，因此，高层建筑的火灾扑救还主要依靠其固定消防设施。此外，现有的固定消防设施在施工、管理等方面与实战的要求还有一定的差距。

（2）大型救人和灭火装备的局限

虽然消防救援队伍配备了云梯消防车、登高平台消防车、举高喷射消防车和消防直升机等比较先进的装备，但由于受施展空间和技术的局限，其作用目前还没有得到充分发挥。受高度的局限，举高消防车一般只能救助相应伸展高度内的被困人员，或输送消防人员到达这一高度的窗口；有射水功能的举高消防车也只能向这一高度的喷火窗口射水。受飞行安全和停放场地的局限，消防直升机目前只能救助那些已经逃生到屋顶直升机停机坪的被困人员，或输送消防人员到达该处。所以，扑救高层建筑火灾，如果内部固定消防设施失效或火场面积较大，消防人员仍须依靠消防移动装备从内部登高展开灭火行动。

3. 组织协调任务重

扑救高层建筑火灾，一般会调集较多力量参战，而且高层建筑对现场消防通信质量有一定的影响，如果现场组织协调不好，容易出现混乱局面。

（1）参战力量多

高层建筑发生较大火灾时，消防作战指挥中心将会调集大量的人员和单位参战。因此，要组织协调好各参战力量，发挥整体作战的威力，避免出现混乱局面。

（2）通信干扰大

高层建筑结构对消防通信有一定的屏蔽作用，容易造成火场上消防通信不畅。若火场指挥部和前方指挥员之间，以及各参战力量之间不能及时沟通，往往容易出现被动局面。因此，现场通信组织工作任务难度大。

（二）易形成立体燃烧

高层建筑火灾由于火势蔓延途径多、速度快，影响火势蔓延的因素复杂，若火灾初起阶段得不到有效控制，易形成立体燃烧。高层建筑火灾同时在水平和竖直两个方向蔓延。在水平方向上，既能通过门、窗、吊顶、走道、可燃隔墙等，也能通过横向的孔洞、管道、电缆桥架等较隐蔽的途径蔓延。在竖直方向上，可以通过管井和孔洞、共享空间、玻璃幕墙缝隙等垂直发展蔓延，而且这些部位易产生烟囱效应，加剧火势垂直蔓延速度。

在高层建筑火灾发展过程中，会伴随着多种特殊现象发生，主要有火风压、烟囱效应、中性面、火势卷叠等。

火风压：房间物品着火后，燃烧产生的热量会使室内温度逐步升高，空气体积膨胀，表现为压力升高，形成火风压。此时，高温烟气和火焰就会寻找突破口，通过各种途径向外扩散。

烟囱效应：由于高层建筑的高度大，还有比较通畅的竖向气流通道，容易使烟热气流在向上升腾时产生一种像烟囱一样的抽拔力，即烟囱效应。一旦产生烟囱效应，火势就会加速发展蔓延。烟热气流向上升腾形成的速度压与冷热空气的密度差及建筑高度成正比。

中性面：高层建筑中，存在着一个既不进风也不排气的中性面，火灾情况下，当门窗全部开启时，下部窗口进气，上部窗口排烟。中性面的高低关系着室内人员的生命安全。因为中性面以上常常充满有毒的浓烟，新鲜空气少，人员很难生存。因此，破拆时，通常将破拆点选择在中性面以上部位，以提高中性面位置，减少有毒烟气对人员的侵害。

火势卷叠：火势卷叠是形成立体火灾的重要原因之一。高层建筑发生火灾时，火势除在室内向水平和垂直方向蔓延外，当着火楼层内火风压大于进风口压力，在高温使外墙门窗玻璃破碎的情况下，烟火会窜出外墙门窗向上升腾，然后在室外风力的作用下，卷曲后重新从外面窜入上面楼层的门窗引起上层室内可燃物着火，这样一层一层地延烧呈现出火势卷叠现象。这种卷叠有时会越过燃烧层上部的一两层甚至多层，直接向更高层蔓延，呈现跳跃性。

（三）人员疏散困难

在高层建筑火灾扑救过程中，人员疏散的困难性体现出其突出的复杂性与严峻性，已成为火灾救援与人员保护体系中的关键难点。高层建筑因其结构高度大、人员密度高、疏散路径长，以及火灾发展过程中伴随的大量烟雾蔓延与心理应激因素，均对人员迅速、安全撤离构成重大障碍，进而影响整体火灾处置效能。

高层建筑火灾在发展初期即会产生大量高温烟气，其扩散速度快、遮蔽视野强、毒性与窒息性突出，对人员逃生路径形成直接威胁。在自然烟气对流与建筑垂直通道效应共同作用下，烟雾往往在短时间内覆盖多个楼层，不仅向上迅速蔓延，也会在一定条件下出现向下沉降现象，形成上下双重包围态势，使疏散通道失去安全性，显著增加人员逃生的风险性与不确定性。

高层建筑的垂直空间结构决定了其疏散距离的不可避免性。人员必须依靠竖向疏散设施如楼梯间进行转移，相较于普通建筑所需的横向疏散，垂直疏散不仅路径更长，而且疏散所需时间更长。在火势蔓延速度与烟气流动速度大于疏散速度的情况下，结构高度越高，其疏散时效性与组织难度越大，进而加剧了整体逃生环境的危险程度。

此外，人员密集场所普遍存在心理紧张、行为失控等应激反应。在火灾突发的情况下，人群易出现聚集、拥挤甚至恐慌性逃生行为，造成楼梯间、走道等关键疏散节点的堵塞，进一步延缓整体疏散进程，并可能引发踩踏、冲撞等次生事故。这种高压状态下的群体行为失控，是导致疏散通道瘫痪的重要诱因，也是提升火灾应急管理与人员引导机制中亟待解决的重点。

二、地下建筑火灾扑救的特点

地下建筑一般是指建造在地表面以下或岩石中的建筑物。具体而言，是指建造在岩石和土层中的，比附近地面标高要低 2 m 以上的建筑。地下建筑的应用范围十分广泛，按使用功能可以分为民用地下建筑、工业地下建筑、地下仓库、地下市政工程及地下军事建筑等。地下建筑只有内部空间和少量的地面出入口，它与地面建筑相比，火灾时有着不同的烟气流动特点和火灾蔓延形式。

（一）地下建筑内的火风压

地下建筑由于其封闭性强、通风条件受限、空间结构复杂，一旦发生火灾，局部高温环境下的空气密度迅速降低，温差驱动形成自然热风压，即“火风压”，进而引发一系列动态连锁反应，显著干扰灭火策略与安全保障机制的实施。

火风压的存在强化了火场内部热空气的流动趋势。当火灾规模扩大、火源温度持续升高时，内部热空气迅速上升并在空间内积聚，形成向外或向其他空间迅猛推进的压强差，这种热驱动效应会加速火势蔓延范围的扩大，同时破坏火场原有的相对稳态环境，使火焰传播更具突发性和不可控性。火风压反过来促使火势进一步增强，从而形成火灾发展的正反馈机制，显著增加火场复杂性。

火风压对地下建筑原有通风系统的影响极为深远。在火风压作用下，原设的通风模式容易出现风量紊乱、流速变化，甚至产生风流断裂或过度增强等现象，导致通风系统失效。这种功能破坏不仅干扰了烟气的有序排出，还可能因风向改变使部分区域积聚浓烟，削弱了对火场环境的有效控制能力，加大了灭火与疏散工作的阻力。

火风压可能引发地下建筑内部风流的逆向回流现象。原本朝向外部的通风通道在强热压作用下反向输送烟气，使一些距离火源较远、理论上属于安全区域的空间也迅速受到烟雾侵袭。这种烟气突入效应严重威胁人员安全，加剧了救援过程中的不确定性与危险性，须通过科学布局通风设计与动态控制系统加以应对。

火风压的存在影响了高倍数泡沫等灭火剂的正常使用。在火风压阻滞与扰动下，泡沫难以在封闭通道内形成稳定流动，致使其远距离窒息灭火的效能大幅下降。这一问题对基于物理隔离与覆盖原理的灭火技术提出更高要求，也促使地下建筑灭火技术向更精准化、稳定性强的方向发展。

（二）地下建筑内的烟气流动

地下建筑火灾蔓延是由于高温热烟气的流动造成的，烟气控制是地下火灾扑救的一个很重要的方面。

1. 地下建筑烟气流动特性

在地下建筑火灾中，物质燃烧使内部空气氧含量逐渐减少，形成不完全燃烧，同时产生大量的高温烟气。其流动特性主要包括四种：①火灾初起时，烟气从着火点向上升腾，到达顶部后转向四周呈水平方向扩散。如果烟气温度下降梯度慢，则高温烟气与周围空气会形成明显的分离层流即形成两个层流流动，上部烟层逐渐变浓增厚，向出入口方向涌出。②只有单一出口的地下建筑，烟气从唯一出入口排放，会形成以上部排烟下部进气为界面的中性面；随着烟雾流量的增大，中性面降低，空气进入减少，室内燃烧速度开始减慢。③具有两个以上出入口的地下建筑，离火源近的出入口烟雾浓，中性面很低；离火源远的出入口烟雾淡，中性面稍高。④水平方向的地下建筑，烟气受方向或通道抽拔力的影响，往往有一处出入口成为主要排烟口。

2. 烟气在洞室内流动的规律

在地下建筑内，着火房间产生的烟气从着火点向上升腾，升至顶部后向四周水平扩散，由于受到四周洞壁的阻挡和冷却，有沿洞壁向下流动的趋势。随着烟气的不断产生，上部烟层逐步增厚，当达到洞室内开口以下部位时，通过开启的门向通道扩散。如果洞室内产生的烟量大于排向通道内的量，随着时间推移，烟气将充满整个洞室。

3. 烟气在通道内流动的规律

从洞室内流向通道的烟气，最初贴附在洞室通道的拱顶流动，由于冷却和周围空气混合，烟层变厚，接触拱顶和墙面的烟气先被冷却，沿墙下降，随着流动路线延长，与周围空气混合作用加剧，使烟气温度逐渐下降失去浮力，最后在洞室中心剩下一个环形空间。

第三节　不同类型建筑火灾灭火技战术

一、灭火救援行动技术

灭火救援行动是指消防人员从接警至灭火救援行动结束整个过程的活动。由接警出动、组织指挥、火情侦察、火场警戒、火灾扑救、火场供水、火场救人、信息报告、救援保障等主要环节构成。

（一）接警出动

接警出动是指消防队由接警至到达救援现场的过程。主要包括受理警情、调度力量、救援出动三个方面。

1. 受理警情

受理警情是指消防队伍的指挥中心、公安110指挥中心、基层消防队伍的通信室等，对外界通过各种方式报来的出警信息进行准确迅速处理，是消防救援作战的开始。

（1）受理警情的要求

第一，消防作战指挥中心必须准确受理报警，一般应向报警人问清以下相应情况：①失火单位的名称、地址、起火部位，燃烧物的性质，有无被困人员和爆炸、毒气泄漏，火势情况，报警人姓名、电话号码等；②城镇和乡村报警，还要问清行车路线，要他们派人到路口等候，以便引导消防车迅速赶到救援现场。如果报警人精神过于紧张，讲话表达不清楚、不准确时，应尽量用沉着、温和的语气稳定报警人的情绪，并主动发问。

第二，询问报警情况的同时，要进行录音、计时、发出出动信号等，并对报警情况做出详细记录。基层消防队伍通信室值班人员，在接到消防作战指挥中心的报警时，应及时发出出动信号，填写出动命令或者从打印机等提取调度命令，将出动命令或者调度命令及时送交值班领导。

第三，通信员受理警情，要沉着镇定、语言清楚、问话简练，做到迅速、准确、流畅。

（2）受理警情的方式

受理警情的方式有集中接警和分散接警两种：

第一，集中接警。集中接警是消防队伍受理警情的主要方式。报警人向消防作战指挥中心报警，消防作战指挥中心根据警情报告立即调派第一出动力量，并及时报告值班首长。

第二，分散接警。分散接警是指报警人员直接向责任区消防队伍报警，通信室接警后立即调派出动力量，随即报告消防作战指挥中心。一些分散接警系统也具有使同一城市其他消防队伍通信室、作战指挥中心同时监听的功能。

2. 调度力量

火警划分为一、二、三、四、五级，一级最低，五级最高，分别用绿色、蓝色、黄色、橙色、红色表示。应急救援分为四级，一级最低，四级最高，分别用蓝色、黄色、橙色、红色表示。不同等级的火警、应急救援，应分别调动不同力量的编成，不同的总队、支队，应结合辖区不同的车辆、人员等情况编配不同的力量编成。调度力量是消防队伍受理警情后，向救援现场调派消防力量的过程。

（1）调度力量的要求

一般单位、居民住宅发生火灾或灾害事故时，作战指挥中心可首先调派责任区消防队伍的力量。消防重点单位或重要地区发生火灾或重大灾害事故时，已制订预案的，应按预案调动第一出动的力量；没有预案的，应根据报警和平时掌握的情况，加强第一出动的力量。

（2）调度力量的方式

调度力量的方式取决于接警方式。采用集中接警方式的，由消防作战指挥中心调度；采用分散接警方式的，由基层消防队伍通信室调派，再向消防作战指挥中心报告。

3. 救援出动

救援出动，是消防队伍接到出动命令，执勤消防人员迅速着装登车，乘消防车驶往救援现场的过程。

消防队伍遇有下列情况必须立即出动：

第一，当发生火灾及其他灾害事故，接到报警或者作战指挥中心的命令时。

第二，当上级检查执勤情况，听到出动命令时。

第三，其他接到上级命令需要出动的情况。

消防队伍救援出动过程的要求如下：

第一，消防车赶赴救援现场时，可以使用其他车辆不准通行的道路、空地、应急通道等。消防车应选择最快的路线，或路面较好能迅速到达救援现场的路线。

第二，执勤消防人员必须按规定着装登车，非执勤人员不准随便登车。消防人员在行车中应注意安全，不准坐在车厢外部。

第三，消防人员在行驶中，注意力要集中，在确保安全的前提下，掌握好车速，根据路况掌握好车辆之间的距离。

第四，第一出动应迅速、准确、安全地赶赴现场，在行驶途中要与作战指挥中心保持联系，及时报告行车情况，随时了解现场情况，听取指示和命令等。

第五，消防队出动途中，如遇另一起火灾，要根据出动的消防力量及两处火灾的轻重缓急及危害程度进行判断，采取相应对策并立即报告作战指挥中心。

第六，消防队在出动途中如发生交通事故，应保护好事故现场，等候交管部门处理，如有人受伤，应迅速送往医院抢救，并将情况迅速报告作战指挥中心。

（二）组织指挥

组织指挥的原则是坚持统一指挥、逐级指挥。紧急情况下，指挥员可以实施越级指挥，接受指挥者应当执行命令并及时向上一级指挥员报告。两个以上消防支（大、站）队协同作战时，上级指挥员到达现场前，实施属地指挥；全勤指挥部到场后，实施指挥长作战指挥负责制；值班首长或者上级指挥员到达现场后，应当实施直接指挥或者授权指挥。

当发生重大、特别重大灾害事故时，政府应成立指挥部，消防救援机构最高指挥员及相关人员应当参加指挥部决策，并根据职责分工，组织队伍完成灭火与应急救援工作。消防救援机构现场作战指挥部一般由总指挥员，以及下属的作战组、通信组、专家组、信息组、宣政组、战保组及其相关人员组成，并设立现场文书和安全员等。现场作战指挥部，应当设在接近现场、便于观察、便于指挥、比较安全、便于撤退的地点，并设置明显的标志。

1. 总指挥

总指挥一般由消防总、支队当日值班首长或者到场的最高首长担任，履行的职责主要包括：①调集作战力量，组织现场侦察，分析判断灾情，制订总体作战方案，根据现场需要划分战斗段（区）；②向参战的下级指挥员部署作战任务，组织参战单位协同作战，督促落实安全防护措施；③根据灭火与应急救援的需要，合理使用各种水源，利用邻近建筑物和有关设施，切断现场及其周边区域内的电力、可燃气体和可燃液体的输送，限制用火用电，划定警戒区，实行局部交通管制，拆除或者破损毗邻火灾现场的建筑物、构筑物或者设施等；④提请政府应急管理部门到场配合作战行动，提出调集驻军、武警及其他增援力量参加灭火与应急救援的意见；⑤全面掌握现场情况，当发现可能发生突发重大险情而又不能及时控制，直接威胁参战消防人员的生命安全时，应当果断迅速下达撤离命令，组织指挥参战力量安全撤出灭火和应急救援现场；⑥提出战勤保障要求，落实战勤保障措施，视情启动战勤保障预案并组织实施。

2. 作战组

作战组一般由全勤指挥部人员组成，由指挥长任组长，履行的职责主要包括：①实施现场侦察，向总指挥员提供具体作战方案，向参战力量下达作战任务，掌握战斗进展情况，绘制作战图表；②掌握现场参战力量、装备情况，组织现场供水（灭火剂）和各种辅助力量协同作战行动；③确定防护等级措施，掌握现场变化情况，遇有直接威胁参战消防人员生命安全的重大突发险情而又不能及时控制时，根据现场作战指挥部命令和现场情况立即组织指挥现场力量安全撤离；④指挥督促参战力量落实灭火与应急救援总指挥部及现场作战指挥部下达的各项命令，并及时上报执行情况。

3. 通信组

通信组一般由通信人员组成，由总（支）队通信处（科）长担任组长，履行的职责主要包括：①统一通信联络方式、方法和频道，组织现场通信，规范现场通信秩序；②组织人员、装备和资源，建立可视化现场指挥通信网，确保战斗命令及时准确传达到各级指战员；③保持现场指挥部与作战指挥中心的通信畅通，维护通信器材，及时采集、上传现场图像，为远程指挥部提供信息和技术支撑。

4. 专家组

专家组一般由消防队伍和有关单位专家组成，由总指挥员确定技术专家组组长，履行的职责主要包括：①观察、收集现场相关情况和信息，判断灾害事故发展趋势，监控消防控制中心和消防设施，配合灭火与应急救援行动；②评估灾害事故的影响范围和危害程度以及可能发生的后果，提出应急处置建议；③参与制订作战方案，提供技术支持，解决技术难题。

5. 信息组

信息组一般由行政值班人员组成，履行的职责主要包括：①统计着火单位情况、出动力量、人员伤亡、燃烧物资和面积等情况，编制上报作战信息；②起草现场最高指挥员对外信息发布内容，审核新闻发布会议通稿；③按时限要求向上一级作战指挥中心及当地党委、政府等报送灾害事故现场处置情况。

6. 政宣组

政宣组一般由政治部有关人员组成，由总（支）队政治部门领导担任组长，履行的职责主要包括：①掌握消防人员作战表现情况，适时开展政治思想和心理疏导工作；②协调新闻单位，做好灭火与应急救援的宣传报道工作；③督促参战消防队伍遵守国家相关法律规定和队伍纪律，严肃灭火与应急救援现场秩序，维护队伍形象；④及时组织开展安全事故善后处理、伤亡抚恤等工作，妥善处理灭火与应急救援行动中与群众的纠纷等。

7. 战保组

战保组一般由后勤机构的有关人员组成，履行的职责主要包括：①负责组织实施参战队伍的装备、灭火剂、燃料供应及现场车辆装备的抢修、维护等战勤保障工作；②负责参战队伍饮食、饮水、休息、防寒保暖等生活保障工作；③负责组织参战队伍医疗救护、卫生防疫和伤员运送救治工作。

8. 大队指挥员

大队指挥员由大队值班首长担任，履行的职责主要包括：①在上级指挥员未到达现场前，负责灾害事故现场的组织指挥工作；②调集辖区内的参战力量，组织灾情侦察，确定防护等级，制订作战方案，部署战斗任务，督促落实安全制度，检查执行情况，并根据灾情变化调整力量部署；③及时向上级报告现场情况，组织所属队伍完成上级指挥员部署的战斗任务。

9. 消防站指挥员

消防站指挥员由站值班首长担任，履行的职责主要包括：①组织现场侦察，确定救人、灭火、排烟、排险和保护、疏散物资等战术措施，及时向上级报告现场情况，视情况申请调度辖区内的其他力量和专业救援队伍；②向各战斗班（组）下达作战任务，落实安全防护措施，确定进攻路线和阵地，指挥灭火与应急救援攻坚作战行动，组织火场供水，检查执行情况，根据现场情况的变化调整力量部署；③在上级指挥员未到达现场前，负责现场的组织指挥工作，及时向增援力量布置任务，组织协同作战行动。

10. 班指挥员

班指挥员由班长担任，履行的职责主要包括：①请领、分配本班战斗任务，组织指挥战斗行动；②进行灾情侦察，组织战斗展开，观察灾情变化，适时调整力量部署；③组织班、组协同作战和安全防护，处置紧急情况，向消防站指挥员报告战斗进程。

11. 现场文书

现场文书一般由行政值班等人员担任，履行的职责主要包括：①了解掌握力量的调动、灾害对象、作战部署、战斗行动、现场变化等情况和阶段性战斗成果；②记录上级指挥员，当地党委、政府和应急管理部门等领导到场及下达的命令、做出的指示，以及队伍贯彻执行的情况；③记录现场作战指挥部会议内容和决议，以及现场总指挥下达的命令和队伍贯彻执行的情况。

12. 现场安全员

现场安全员应当按照参战力量和现场情况确定，一般由业务骨干或由总指挥员指定专人担任，履行的职责主要包括：①对危险区段、部位进行实时监测，确定安全防护等级，落实作战行动的安全保障，检查参战人员安全防护器材和措施；②记录掌握进入危险区的作业人员数量和时间及防护能力，保持不间断的联系，了解现场安全状况和参战人员的体力、健康情况，准确判断突发险情，及时向指挥员提出紧急撤离和人员替换的建议；③协助指挥员确定紧急撤离路线，并通知进入危险区的所有人员，根据指挥员下达的紧急撤离命令，及时、准确地发出撤离信号，并及时清点核查人员。

虽然事故现场有指定某人担任安全员，但是所有参战队员（包括指挥员）都应该履行安全员职责，碰到不安全因素应及时相互提醒、及时报告。在大型灾害现场，来不及逐级报告时，可以越级报告，事后再向直接的上级领导报告，不能死板地逐级报告，要灵活处理。

（三）火情侦察

火情侦察是指消防人员到达火场后，运用各种方法与手段了解和掌握火场情况的行动过程。火情侦察是一项艰巨、复杂、细致的任务，应根据到场的灭火力量、火势发展等情况有序地进行。

1. 火情侦察的组织

火场指挥员应根据到场力量的实际情况，指定有经验的人员组成火情侦察组。

（1）大队、消防站火情侦察组

消防大队、消防站在组织人员进行火情侦察时必须谨慎严密。

第一，战斗班。战斗班单独进行灭火救援战斗时，由战斗班长和一两名战斗员组成侦察小组。

第二，消防大队、消防站。一个消防大队、消防站实施灭火救援战斗，由大队、消防站火场指挥员、战斗班长和一名战斗员组成侦察小组。

第三，多个消防站实施灭火战斗。消防总（支）队指挥员尚未到达火场时，由辖区消防站指挥员、战斗班长和战斗员组成一个侦察小组进行火情侦察，为增援队的作战部署提供依据。在工艺流程烦琐、内部结构复杂的火场，辖区火场指挥员应视情吸收增援消防站的火场指挥员和火灾单位的工程技术人员共同进行火情侦察。

（2）总、支队火情侦察组

第一，火情侦察小组。前沿指挥所的火情侦察，由一名火场副总指挥员负责，组织总（支、大）队参谋、消防站指挥员、战斗员组成若干个小组进行火情侦察。

第二，火场观察小组。为防止爆炸、建筑物倒塌等险情的发生，火场指挥部应在便于观察火灾现场的地点，设置火场观察哨，指定具有灭火作战经验的指挥员、灭火专家、有关工程技术人员组成火场观察小组，及时向火场指挥部报告观察到的火场情况。

2. 火情侦察的内容

消防队到达火场后，火场指挥员应立即组织火情侦察人员迅速准确地查明火灾现场各方面的情况，主要包括：①火源（泄漏点）位置、燃烧（泄漏）物质性质、燃烧（泄漏）范围和火势蔓延（泄漏扩散）的主要方向；②火场内有无被困或遇险人员及其所在位置、数量以及疏散的途径及安全性；③有无爆炸、毒害、腐蚀、遇水燃烧等物质，及其数量、存放形式和具体位置；④生产工艺流程，需要保护和疏散的贵重物资及其受火势威胁的程度；⑤燃烧的建（构）筑物的结构特点，及其毗邻建（构）筑物的状况，如是否需要破拆、有无带电设备、是否需要切断电源；⑥着火建（构）筑物内的消防设施情况；⑦举高消防车和其他主战消防车的作战停车位置、周围消防水源和道路等情况；⑧其他需要查明的情况。

3. 火情侦察的程序

火情侦察应贯穿于灭火救援行动的全过程，火情侦察的程序可分为初步侦察和反复侦察两个阶段。

（1）初步侦察

初步侦察是指侦察人员通过外部观察、询问知情人、内部侦察、仪器检测等方法，针对不同的火场特点了解掌握火场的基本情况，为火场指挥员确定灭火战斗主攻方向，进行战斗力量部署，调派增援力量提供情况依据。

（2）反复侦察

反复侦察是在初步侦察后，侦察人员在整个灭火救援行动过程中，对火势的发展变化、遇险人员的营救、着火物体的危险程度等情况，以及经初步侦察后尚不清楚、不完整的情况，根据灭火战斗的需要进行的不间断侦察行动。反复侦察的目的是帮助火场指挥员全面及时地掌握火场内一切变化的情况，采取更加有针对性的灭火战斗措施，及时调整战斗力量部署，为顺利实施灭火救援作战行动提供决策依据。

（四）火场警戒

1. 火场警戒的类型

火场警戒的类型是由警戒的范围和管制的内容决定的。不同性质的火灾事故，其火场警戒的范围和管制的内容也各不相同。

（1）维持秩序类警戒

当发生重大火灾、重大灾害事故或严重的交通事故时，火场警戒的主要目的是禁止无关人员和车辆进入灭火救援的工作范围，并对警戒区域内实施交通管制，维持火场秩序，保证火灾扑救和抢险救援工作顺利进行。

（2）防爆炸类警戒

当发生液化石油气、甲烷、乙烯等易燃气体或汽油、酒精等易燃液体的泄漏时，火场警戒的主要目的是防止发生爆炸燃烧事故。警戒范围内必须禁绝一切火源。管制交通控制无关人员进入，进入警戒区的人员禁止穿着易产生静电、火花的化纤面料服装和带有铁钉的鞋子等。

（3）防中毒类警戒

当发生不燃的有毒气体泄漏时，其现场警戒的目的是防止人员中毒。要及时划定警戒范围，进入警戒区的施救等人员必须按要求做好安全防护。

（4）防毒防爆类警戒

当发生可燃的有毒气体泄漏时，其火场警戒的目的是既要防止人员中毒，又要防止发生爆炸燃烧事故。警戒范围内消除一切火源。管制交通控制无关人员进入，进入警戒区的人员必须做好安全防护。

2. 火场警戒的实施

科学合理地设置警戒区域并有效地组织实施，是灭火救援行动顺利进行的重要环节之一。

（1）设置警戒工作区域

消防队到场后，由火场指挥员确定是否需要实施火场警戒。通常在事故现场的上风方向停放警戒车，警戒人员做好个人防护后，按确定好的警戒范围实施警戒，在警戒区上风方向的适当位置建立各相关工作区域，主要有着装区、器材放置区、洗消区、警戒区出入口等。

（2）迅速控制火场秩序

火灾现场往往有群众围观，尤其是火灾受害者，为了抢救自己的贵重物品和被困火场里的亲人往往不顾一切地想进入火场，有时会干扰灭火战斗行动。此时必须尽快控制火场秩序，安抚稳定他们的情绪，将他们疏散到警戒区域以外的安全地点。

（3）进行外围疏导控制

进行外围疏导控制主要依靠交巡警等实施。遇有较大规模的灭火救援现场，火场指挥员要及时调动这些力量到场，疏导外部车辆和围观人员，管制交通，维持好现场秩序。

（五）火灾扑救

1. 扑救战斗的展开形式

消防队伍根据火场情况，可以采取下列扑救战斗展开形式：

（1）准备展开

从建筑外部看不到燃烧部位和火焰时，指挥员应在组织火情侦察的同时命令参战人员占领水源，取出战斗装备，做好战斗展开的准备。

（2）预先展开

从建筑外部能够看到火焰和烟雾时，指挥员在组织火情侦察的同时命令参战人员携带战斗装备接近起火部位，铺设水带干线供水，做好进攻准备。

（3）全面展开

基本掌握火场的情况后，指挥员应确定作战意图，果断命令参战人员立即实施火灾扑救。

2. 力量主要部署部位

力量主要部署部位包括：①有人员受到火势威胁的地点及抢救、疏散的路线；②重要物资受到火势威胁的部位；③火势蔓延方向以及可能造成重大损失的部位；④参战力量实施内攻救人灭火的部位；⑤毗邻建筑受到火势威胁的部位。

3. 疏散和保护物资

火灾扑救中，应当按照基本要求，积极组织疏散和保护物资，努力减少损失，主要包括：①遇有易燃易爆物品或者贵重仪器设备、档案资料以及珍贵文物受到火势威胁时，首先予以疏散，受到火势威胁的物资和妨碍救人灭火的物资也应予以疏散；②对难以疏散的物资，应采取冷却或者使用不燃、难燃材料遮盖等措施加以保护；③疏散物资应在指挥员的统一指挥和起火单位负责人、工程技术人员的配合下，根据轻重缓急有组织地进行；④从火场抢救出来的物资应指定放置地点，指派专人看护，严格检查（防止夹带火种引起燃烧），并及时清点和移交。

4. 火灾扑救后工作

火灾扑救后，应完成以下三方面的工作：

第一，全面、细致地检查火场，彻底消灭余火。对石油化工生产装置、储存设备的温度及其周围可燃气体、易燃可燃液体蒸气的浓度进行检测及相应处理，防止复燃，同时应当责成起火单位或者相关单位人员看护火场，必要时留下必需的灭火力量进行监护。扑救沿街店铺火灾时，在扑救火灾过程及之后应注重隔壁店铺及上层店铺人员伤亡情况，防止现场受伤、昏迷人员没有被搜救出来。

第二，撤离火场时，应当清点人数，整理装备，恢复水源设施，向事故单位或有关部门进行移交。

第三，归队后，应当迅速补充油料、器材和灭火剂，调整执勤力量，恢复战备状态，并报告作战指挥中心。

（六）火场供水

火场供水是指消防人员利用消防车、消防泵和其他供水器材将水输送到火场，供消防人员出水灭火的行动过程。

1. 火场供水原则

火场供水是一项技术性较强的任务，为保证灭火战斗用水的需要，火场供水应努力做到科学合理。

（1）就近停靠使用水源

火场供水消防车，应停靠在距离火场较近的消防水源处，以便达到迅速供水灭火的目的，停放使用水源切忌舍近求远。

（2）确保重点，兼顾一般

火场供水必须着眼于火场主要方面，应集中主要的供水力量，保证火场主攻方向的用水量和不间断供水，有效地控制火势，阻止火势蔓延扩大，从而达到消灭火灾的目的。在火场的主要方面、重点阵地供水得到可靠的保证后，在可能的情况下，对火场的次要方面也要考虑供应必要的消防用水。当火场供水力量不足时，必须及时果断地放弃次要阵地的供水，保证重点阵地的灭火用水。

（3）快速准确，科学合理

第一出动供水力量到达火场，对扑救初期火灾保持有绝对优势时，应以最快的速度组织供应扑救初期火灾的用水量，做到战术上的速战速决。

当灭火人员到达火场时火势已蔓延扩大，第一出动供水力量不足时，应迅速调集增援力量。同时，通知市自来水公司加大火灾地区供水管网的供水流量和压力，以达到有充足的供水量和加快灭火进程的目的。火场供水指挥员要根据火场实际情况，采取一切科学合理的手段，确保灭火用水的需要。

2. 火场供水的方法

火场指挥员应根据火场实际情况和到场消防车数量、技术性能，火场周边可利用水源的供水能力，以及交通道路等具体情况选择最佳的供水方法，向火场供应足够的灭火用水。

（1）直接供水

直接供水是指火场供水战斗车停靠水源边取水或利用车载水直接铺设水带干线出水枪灭火。直接供水的形式有两种：消防车利用车载水直接出水枪（炮）灭火；消防车停靠水源吸水，出水枪（炮）灭火。

第一，直接供水的条件。当水源与火场之间的距离在消防车单车供水能力范围内时，消防车应就近依靠水源吸水，铺设水带直接出水枪（炮）灭火；当到场消防车总载水量足以扑灭初期火灾时，消防车可靠近燃烧区，消防人员铺设水带直接出水枪灭火。

第二，直接供水的形式。消防车（泵）直接供水的形式有单干线 1 支水枪、单干线 2 支水枪、双干线 2 支水枪、双干线 3 支水枪、手抬机动消防泵吸水出水枪灭火等。

（2）串联供水

当水源与火场较远时，火场供水常使用串联供水的方式，串联供水是后方车辆向前方车辆供水的形式。

第一，串联供水的条件。火场附近有消火栓或其他可以使用的水源时，消防车不需要到较远的地方去加水。负责供水的消防车可以使用消火栓或其他技术措施取水，向负责灭火的消防车供水。在需要提高普通水罐（低压泵）消防车出水口压力时。火场燃烧面积大，灭火用水量较大，需要长时间不间断供水。水带数量充足或有利于铺设水带的情况下，水源距离火场超过 1000 m 时也可采用串联供水的方法。

第二，串联供水的形式。串联供水的形式有接力供水和耦合供水两种。

接力供水：当水源距离火场超过消防车供水能力时，可利用若干辆消防车分别间隔一段距离，停放在供水线路上，由后车向前车依次连接水带，通过水泵加压将水输送到前车水罐内；没有水罐的消防车，将水带与集水器连接到前车的进水口上，供前车出水枪灭火。

耦合供水：当火灾现场高度或距离超过普通水罐消防车的供水高度或供水距离时，可利用若干辆消防车或消防车与手抬机动消防泵进行耦合供水，提高前车泵压，将水供到高处或远处。扑救高层建筑火灾时，可利用水泵接合器或室内消火栓出水口进行供水。

（3）运水供水

运水供水是利用若干辆水罐消防车、洒水车、液体槽车等，从水源处加水运送给前方的主战消防车。

第一，运水供水的条件。火场附近没有消火栓或其他可以使用的水源，消防车需要到较远的地方去加水时；火场燃烧面积较大，灭火用水量较多，火灾现场附近水源供应不足时；消防队配备有大容量水罐消防车，火场周围交通道路、水源情况便于运水时；火灾现场环境复杂，不便于远距离铺设水带供水时。

第二，运水供水的形式。运水供水的形式包括运水车辆轮流取水、途中运输、为主战车供水、去取水点取水的轮换供水动作形式。

（七）火场救人

火场救人是指消防人员使用各种消防器材和救援方法，对火灾现场受到火势围困或其他险情威胁的人员疏散、解救至安全区域或通过改善被困人员生存环境，避免伤亡发生的战斗行动。

1. 火场救人的方法

火场救人的方法很多，消防人员可结合现场实际情况和救生器材的特点，选择有效方法施救。

（1）内攻救人

内攻救人是灭火救援行动中救人的主要方法。救人时，要根据救人任务量的大小成立若干个救人小组，采取背、抬、抱等方法迅速将被困人员抢救出来，并根据被救者的危险程度进行现场急救或送往医院抢救。当内攻救人通道被烟火阻挡时，应用水枪开辟通道，并兼顾排烟灭火，掩护救人行动。

消防人员深入建筑内部施救时要搞好个人安全防护，必要的侦检、照明、通信、破拆、救生等器材要尽可能携带齐全，以保证救人任务的顺利完成。

（2）利用举高消防车救人

发生火灾后，如果人员被困在楼房内或楼顶，疏散楼梯、安全出口等内部救人通道被烟火封堵，消防人员无法进入内部时，在高度允许的范围内可利用云梯消防车、登高平台消防车等举高消防车登高救人。救人时，根据现场环境条件选用不同高度、不同车型的举高消防车登高，当工作斗接近楼房窗口或房顶后，由消防人员引导被救人员进入工作斗或爬梯下至地面。对于不能行走或昏迷的人员，消防人员应直接救护至地面，并及时送往医院抢救。

（3）运用消防梯救人

当建筑楼层不高或举高消防车无法使用，内攻救人无法实施时，可利用消防梯登高救人。救人过程中，消防人员在登高或下梯时要做好安全保护，被救者从梯子上救下时，要用安全绳保护，地面要有专人接应。

（4）使用安全绳救人

利用安全绳救人主要有安全绳斜下救人法、安全绳横渡救人法、拉梯与安全绳联用救人法等。被救人员悬挂在安全绳上横渡或下滑时，消防人员应当使用引绳引导来控制下滑或横渡的速度。具体救人方法可结合现场实际灵活运用。

（5）利用地形地物疏散救人

利用地形地物救人是指在灭火救援行动中根据事故现场所能利用的各种设施、建筑构件、机械设备等实施救人的方法。如利用建筑物的防烟楼梯、封闭楼梯、消防电梯以及室外疏散楼梯疏散救人，利用建筑连系阳台、连廊、天桥救人，将被救者由着火层转移至安全区域；利用高层建筑的避难层（避难间）疏散救人，将被困人员先救至着火楼顶，然后通过其他方式逃生，利用工程起吊车起吊铁钩上挂工作斗救人，利用供电工程车、路灯维修车的举升高度救人等。在实施救人时，必须考虑所利用地形地物的安全性和可靠性，避免发生人员伤亡事故。

（6）直升机救人

当高层建筑发生火灾，被困人员无法从建筑内部向地面逃生，且人员被困位置超过消防车辆的最大登高能力时，可先将被困人员疏散至楼顶，再使用直升机救人。楼顶有停机坪时，直升机可降落在停机坪救人；无停机坪时，可通过空中悬停，利用吊索或软梯救人。

2. 火场救人的途径

合理选择火场救人的途径和正确使用救生器材，是成功救人的关键。救人途径的选择是否正确，直接影响到能否及时、成功地救出被困人员。火场指挥员要在充分考虑人员被困部位的具体情况和施救手段基础上，选择切实有效的救人途径。火场上可利用救人的途径主要包括：①建筑物的走廊、门、窗、阳台等出入口和通道；②会堂、礼堂、剧院等公共场所的太平门；③建筑物的防烟楼梯、封闭楼梯、消防电梯以及室外疏散楼梯；④高层建筑的避难层（避难间）；⑤地铁、地下商场等出入口、通道、通风口、风亭等；⑥建筑物之间的连系阳台、连廊、天桥等；⑦建筑工地的脚手架。

（八）信息报告

消防队伍执勤战斗信息报告应当坚持及时准确、全面规范、逐级上报的原则，不得迟报、漏报、误报或瞒报。消防队伍实行执勤战斗信息报告责任制。日常执勤战斗信息上报由值班首长负责签发，现场执勤战斗信息报告由现场最高指挥员负责签发。现场作战指挥部应当按照有关规定要求，做好应急宣传工作。未经指挥部同意，参战指战员不得擅自接受媒体采访，不得擅自提供、发布有关信息。

1. 信息报送的时限

凡发生特别重大、较大和亡人火灾，可能造成重大社会影响或群死群伤的火灾事故，应在火灾扑灭后 2 h 内形成文字材料上报应急管理部消防救援局值班室。对正在发生的规模较大、有可能造成人员伤亡或重大社会影响、群众广泛关注的火灾，应在第一时间向部消防救援局值班室报告基本情况（文字材料），并保持不间断通信联络和信息反馈。

凡消防救援机构参与处置的有可能造成群死群伤或较大社会影响的灾害事故，已经造成重大人员伤亡或财产损失的紧急灾情、突发事件等抢险救援行动，应在处置结束后 3 h 内形成文字材料上报部消防救援局值班室。对正在参与处置的可能或已经造成群死群伤的灾害事故，应在第一时间向消防救援局值班室报告基本情况（文字材料），同时将现场照片等影像资料上报，并保持不间断通信联络和信息反馈。

其他重要信息，应立即上报部消防救援局有关部门（非工作时间报值班室）。重要信息包括：重要火灾、重大事故处置、地质和自然灾害事故抢险救援、队伍人员伤亡事故、突发性和群体性事件处置、领导视察工作和慰问队伍及消防工作和队伍建设重要动态信息情况等。

2. 信息报送的范围

（1）重要火灾

重要火灾信息报送的范围包括：①正在扑救的燃烧面积超过 2000 m^2的火灾；②高层建筑、地下工程、地铁、隧道火灾；③受灾超过 30 户的火灾、死亡或重伤 10 人以上的火灾；④调集 5 个以上消防站或 15 辆以上消防车扑救的火灾；⑤扑救时间超过 3 h 的火灾；⑥北京或举办大型国际性活动城市发生的火灾；⑦可能造成次生灾害、较大人员伤亡或较大社会影响，以及发生在省级以上重点文物保护单位、敏感地区的火灾。

（2）重大事故处置

重大事故处置信息报送的范围包括：①死亡 3 人或伤亡 10 人以上及有涉外人员伤亡的事故；②可能造成次生灾害、较大人员伤亡或较大社会影响或发生在省级以上重点文物保护单位、敏感地区的事故；③调集 5 个以上消防站或 15 辆以上消防车抢险救援的事故。

（3）地质和自然灾害事故抢险救援

地质和自然灾害事故抢险救援信息报送的范围包括：①造成大量人员被困或

可能造成大量人员伤亡的地震、泥石流等地质灾害抢险救援情况；②抗旱、抗洪抢险、抗击台风和雨雪冰冻等抢险救援情况。

（4）队伍人员伤亡事故

队伍人员伤亡事故信息报送的范围包括：①消防人员、文职雇员在灭火救援战斗中受伤、牺牲的；②消防人员、文职雇员在赶赴灭火救援现场或归建途中受伤、牺牲的。

（5）突发性和群体性事件处置

突发性和群体性事件处置信息报送的范围包括：①参与处置涉疆、涉藏事件的；②参与处置北京或举办大型国际性活动城市突发性、群体性事件的；③参与处置反恐处突事件的。

（6）领导视察工作和慰问消防队伍

副省（部）级以上领导对消防工作和消防队伍建设做出的批示指示、检查指导工作、视察慰问队伍等信息。

3. 信息报告责任制

总队、信息直报点支队主要领导对信息报告工作负总责，分管作战业务的领导全面负责；总队、信息直报点支队作战业务部门负责协调相关业务处（科）室、单位信息报送工作，指挥中心具体负责信息上报；部局定期检查、通报各地信息报告情况，总队每年、支队每半年至少进行一次检查考核；严格实行责任倒查，因工作不力造成重要信息迟报、漏报或误报的，要视情节及造成的后果和影响严肃追究直接责任人员和有关领导的责任，并予以通报。

总（支）队全勤指挥部要明确专人负责信息上报工作。全勤指挥部出动后，要第一时间将现场信息员的姓名、联系方式上报指挥中心。信息员要携带移动办公终端等办公设备。信息员到达现场后要第一时间向总（支）队上报灾害事故现场情况。

辖区消防站到达现场后，应立即向指挥中心报告，并利用单兵图传设备上传现场图像。多个消防站到达现场后，要明确任务分工，从灾害现场全景、主要进攻方向、灾害现场重点部位等不同角度进行上传，确保上传质量。单兵图传设备操作员要确保通信畅通，实时向作战指挥中心报告，汇报拍摄角度、拍摄位置转移等信息。火场文书应及时在现场绘制作战力量部署图、力量调整图等火场态势图，以备信息报送、战斗讲评时使用。

（九）救援保障

灭火救援保障是指对消防灭火救援作战行动所进行各项勤务保障活动的总称，它为灭火救援的决策和行动提供基本技术、安全、装备、物资支持，是消防队伍战斗力的重要构成因素。灭火救援保障有力与否，直接关系到参战力量战斗力的生成与持续，在很大程度上影响着灭火救援的成败。

1. 灭火救援保障的特点

灭火救援保障的特点主要包括复杂性、应急性、准确性和统一性。

（1）复杂性

灭火救援保障类型迥异、数量庞大，且受到诸多不确定因素的影响，包括以下方面：

第一，保障项目多。重特大灾害事故现场，灭火救援保障对象既有各方参战力量，又有灾害事故中的受灾对象；既有人员、装备的保障，又有物资、经费的保障，种类繁杂。

第二，保障强度大。重特大灭火救援，由于作战持续时间长，参战力量多，物资消耗量大，往往需要在短时间内提供大量的物资、装备、人员和经费。

第三，可变因素多。灾害事故发生的时间、地点、危害程度、波及范围等具有不确定性，使得技术、安全和后勤等保障项目存在较大的变数。此外，灭火救援保障还受气候、交通、地理条件、地区供给能力等因素的限制。

（2）应急性

灾害事故往往在人们意想不到的时间和地点发生，为了尽快控制灾害事故，要求灭火救援保障必须快速反应、快速筹措、快速到位，在短时间内满足多方面的急需。

第一，快速反应。迅速是灭火救援行动的基本要求。灭火救援保障服务于作战指挥和作战行动，必须与作战同步反应，迅速启动。

第二，快速筹措。灭火救援现场对保障资源的需求往往具有很强的时效性，各种保障资源只有快速筹措、快速调集才能满足实战需要。

第三，快速到位。筹措、调集的各种保障资源要在最短时间内到达灭火救援现场。

（3）准确性

准确保障就是合理调用各种保障资源，实施适时、适量的保障，最大限度地满足实际需要。

第一，内容准确。保障的内容必须符合灭火救援的需要。灭火救援需要什么保障，就提供什么保障。保障内容如果不准确，会造成保障盲区。

第二，数量准确。保障的数量必须最大限度地满足灭火救援的需要。灭火救援需要多少保障，就提供多少保障。保障数量不准确，会造成供给不足或者过度。

第三，质量准确。保障的质量要达到灭火救援的要求。保障的质量如果不能满足灭火救援的要求，就无法达到保障效果。

第四，时机准确。灭火救援保障必须在恰当的时机进行，在规定时间内完成，否则就会影响作战进程，造成战斗力下降，延误战机，甚至导致损失扩大和人员伤亡。

（4）统一性

处置突发性灾害事故的力量来自社会各相关单位，为了形成整体保障合力，灭火救援保障应在灭火救援指挥部或保障指挥机构的统一领导下组织实施，做到统一规划、统筹组织、集中协调。

第一，统一规划。灭火救援保障涉及社会的方方面面，各保障项目之间有的相对独立，有的互相联动，有的互相冲突，有的互为补充，只有在灭火救援指挥部统一规划下才能有效实施。

第二，统筹组织。不同参战力量、不同作战任务、不同阵地所需要的保障内容、保障重点不尽相同，有普遍需要的生活保障（如饮食、帐篷、服装），也有特殊需要的专勤保障（如防护装备、破拆器材），需求的数量也有差异，因此灭火救援保障需要由灭火救援指挥部统筹组织和调度。

第三，集中协调。各种保障资源的征集、调配涉及不同领域、不同部门、不同地区，而且受到地域资源、人力资源、技术资源等的限制，实施保障的难度很大，因此灭火救援保障通常由灭火救援指挥部集中协调、明确分工、落实责任、分头实施。

2. 灭火救援保障的原则

灭火救援保障涉及技术、信息、物资、经费等多个方面和领域，应遵循“自我保障与社会保障相结合、平时保障与战时保障相结合、逐级保障与交叉保障相结合、战斗保障与生活保障相结合”的原则，在政府的指导下，通过政策法规和经济杠杆，以法规、协议等形式明确保障资源平时的联供、代供、代储和战时的动员、征用、赔偿等问题。

（1）自我保障与社会保障相结合

在保障资源的来源上，虽然灭火救援保障具有较强的专业性，只能由消防机构自我保障来实现，但是其又是公共管理的组成部分，经费物资、技术等资源主要来源于社会。因此，应坚持自我保障与社会保障相结合。

（2）平时保障与战时保障相结合

在保障的组织上，坚持平时保障与战时保障相结合。通过平时编制灭火救援保障预案，预置多种保障内容，整合灭火救援保障所需人力、物力、财力资源。通过战时保障，检验平时保障的成效，发现不足，及时调整，使平时保障不断完善。

（3）逐级保障与交叉保障相结合

在保障的供给方式上，坚持逐级保障与交叉保障相结合。在逐级保障的基础上，视情采用跨部门、跨行业、跨系统的交叉保障，丰富保障供给方式，提高保障的可靠性、机动性和快速反应能力。

（4）战斗保障与生活保障相结合

在保障的内容统筹上，坚持战斗保障与生活保障相结合。体现“以人为本”的理念，在确保战斗保障的同时做好生活保障，综合考虑消防人员作战、防护、生活等方面的需求，统筹做好各项服务工作，优先满足作战一线消防人员的生活需求。

3. 灭火救援保障机构

基于重大灾害事故的处置，明确灭火救援保障的领导和组织实施机构，是制订保障预案、建立保障系统、做好保障的关键环节。《中华人民共和国消防法》等规定，突发公共事件的保障机构为各级人民政府及其相关职能部门。各级消防机构和灭火救援指挥部承担火灾和相关类别突发公共事件的灭火救援保障工作。

（1）政府保障机构

政府保障机构是针对突发公共事件处置而设置的专门保障机构，包括领导机构和工作机构。领导机构为国务院、省、市、县等政府领导机构，工作机构为政府领导的办事机构、应急管理机构及其建立的各类专家人才库等。

（2）消防队伍保障机构

消防队伍作为处置灾害事故的作战力量，其保障机构为领导机构、工作机构。领导机构为局、总队、支队等，工作机构为局、总队、支队的相关部门等。

二、不同类型灭火战术

灭火战术方法是在灭火作战实践中总结出来的控制火势、消灭火灾的基本战法。灭火战术方法是灭火战术学研究的核心内容。消防救援队伍就是运用灭火战术方法来扑救火灾，抢救被困人员，保护人民群众的生命、财产安全。灭火战术方法主要包括以下类型：

（一）突破

突破战术方法是指为了解决火场的重大紧急问题，组织强攻越过火线实施作战的一种战法，其运用形式有突破救人、突破疏散物资、突破灭火等。

在不同建筑、不同性质的火场，灭火任务和目的都在变化。为了解决火场内的复杂问题，首选突破力量是消防救援人员，若消防救援人员难以突破火场，可以用新装备突破。

1. 消防救援人员突破

消防救援人员使用轻型灭火装备突破火线，宜选择火势弱的部位，但随着举高喷射消防车的应用，在举高喷射消防车射流的掩护下，火势强的部位也可以突破，这给快速扑灭火灾提供了保证。

2. 无人机集群突破

无人机可以快速到达消防救援人员无法到达的高度和狭小作业空间。超高层建筑火场，无人机可在火灾初期阶段突破火线救人、救物或灭火；无人机也可以越过燃烧区，到达消防救援人员不能到达的高层建筑内救援；无人机还可以越过火线投放灭火剂，与对面消防救援人员合力实施灭火；随着无人机数量的增加，还可以利用无人机集群越过火线从内部进攻灭火。

3. 消防机器人突破

对使用常规灭火装备难以直接扑救的高强度火灾，可以使用消防机器人突破灭火。消防机器人的水炮可以突破火线，到达燃烧区实施灭火作业，使灭火剂直达燃烧区内部的燃烧物表面，压制燃烧猛烈的内部区域，实施侦察、救人或灭火，而不会使消防救援人员的安全受到威胁。

（二）夹攻

夹攻战术方法是指用一部分灭火力量进入建筑物内部或部署在对面（侧面、上面、下面）灭火，同时用其余灭火力量在建筑物外部灭火的战法。夹攻分为内外夹攻、左右夹攻（东西夹攻）、前后夹攻（南北夹攻）、三面夹攻、四面夹攻、上下夹攻等，夹攻的特点是内攻和外攻。内攻适用于内外夹攻时外攻不设阵地的情况，灭火时用得较多；外攻适用于内外夹攻时内攻不设阵地的情况，不具备内攻条件时，一般都采用外攻。夹攻一般是火枪灭火力量弱或燃烧区直径超过两个水枪射程时采用的战术方法。夹攻建筑物内部发生火灾，扑救时如果只从内部进攻或只从外部进攻，都很难达到迅速扑灭火灾的目的。只有根据燃烧情况，抓住有利战机，在建筑物内部和外部同时部署灭火力量，向燃烧区发动进攻，才能有效控制火势，缩短灭火时间。

1. 夹攻的形式

（1）建筑物内部燃烧时的夹攻

建筑物内部燃烧时，火势未突破外壳之前，应以内攻为主，外攻为辅。担任内攻的消防救援人员，应选准进攻方向和突破口，通过门、楼梯间、窗等部位进入内部，逐步向纵深进攻；担任外攻的消防救援人员，要充分利用地形地物和消防装备的技术性能，灵活设置阵地，必要时破拆建筑物外壳开辟进攻路线，配合内攻的消防救援人员里应外合消灭火灾。

（2）建筑物内外都已燃烧时的夹攻

建筑物内外都已燃烧时，应采取内攻和外攻同时进行的方法。组织消防救援人员从外部进攻，对燃烧物体外壳进行冷却；部署力量沿门、楼梯间、窗等入口向内部进攻，内外同时灭火。

（3）建筑物局部燃烧时的夹攻

当建筑面积、体积很大，建筑物内的某个局部房间着火，应部署主要力量实施内攻，直攻着火部位，不使火势在内部蔓延；用其余力量在外部进攻，阻止火势向外蔓延。

担任内攻的消防救援人员，要时刻注意观察建筑物内部情况，防止因建筑物倒塌、坠物、陷落等造成人员伤亡。水枪阵地要设置在承重墙、门、窗等比较坚固的部位。担任外攻的消防救援人员，要注意掩护内攻消防救援人员的进攻行动，注意观察建筑物结构、形状的变化，发现险情及时通知内攻消防救援人员撤出，保证作战行动安全。

2. 夹攻作战行动

运用夹攻战术，掌握灭火器材的性能，选择阵地非常重要。阵地选择得好，可以充分发挥灭火救援技术装备的作用；阵地选择得不好，将会造成严重的财产损失和不必要的人员伤亡。

（1）水枪（炮）的技术性能

第一，直流水枪具有冷却、降温、水蒸气窒息和冲击灭火等作用。直流开花水枪具有直流、开花两种射流，在直流水枪的基础上增加了开花喷射功能，喷射灭火、降温冷却效果更好。

直流水枪一般用于建筑火灾和固体物质火灾灭火，灭火中运用直流水以打击破坏燃烧为主，可视情用拇指遮蔽射流，起到局部降温自我保护的作用。

开花直流水枪主要用于扑救一般建筑火灾，直流、开花射流可交替运用，灭火、降温和自我保护效果更好。

第二，多功能水枪具有开花、喷雾、直流变换和反作用力小等功能，开花、喷雾、直流变换使用，有更好的冷却、降温、水蒸气窒息和冲击灭火作用。多功能水枪一般是直流开花并用，时而变换喷雾实施局部降温自我保护。

第三，移动水炮具有覆盖窒息、冷却降温、流量大、射程远等功效。要发挥以上喷射器具的技术性能和灭火作用，驾驶员必须调控好水枪（炮）应有的压力。

运用多功能炮（移动炮、车载高喷炮、灭火机器人等）灭火。直流和开花、喷雾交叉使用，用于大空间火场夹攻火势；直流、开火、喷雾交换使用效果更好。

（2）内攻人员进入前的准备

火场错综复杂，情况不一，水枪手向火区实施夹攻时应记取以下常识：进攻前要明确进攻阵地、路线、任务，明确通信联络信号，按照防护等级做好防护，交代注意事项。

进入封闭的火场门或灭火后进入温度较高的房间（门窗关闭），可将进攻门对面的窗子远距离打破，以备轰燃时释放烟火能量，水枪手进门前要远距离射水击破门窗，或在水枪的掩护下用细水雾水枪、破拆工具将门打开，采取快速躲闪等防护措施，严防轰燃伤人。

（3）进攻中应注意的问题

进入着火建筑内，要先上下射水扫清障碍，再视情缓慢进攻，战斗中要注意观察，间隔性重复以上动作，防止悬浮物掉落伤人。

（4）阵地选择

选择承重墙、柱等安全地带以蹲姿、跪姿（烟气在上部）喷水灭火；长时间作战，要注意空气呼吸器使用时间，报警后必须及时撤出；作战中，听到撤退命令要毫不犹豫地快速撤出。

（三）合击

合击战术方法是指在火场上从两个或两个以上的方位同时向燃烧区域进攻的战法。合击可以从多方位多角度立体展开。合击战法的运用，通常是火灾现场的灭火力量充足，可以实现多个方位多个角度布置进攻阵地，从而形成多个方位向燃烧区域进攻的态势，进而迅速扑灭火灾。合击的条件是燃烧区的直径小于两个水枪（炮）射程，保证在同侧、邻侧或对侧至少有两支枪（炮）能够同时打击到同一个着火点。

1. 合击的形式

（1）多层建筑发生火灾时的合击

多层建筑发生火灾时，一部分力量从燃烧层的上层向下进攻，另一部分力量从燃烧层的下层向上进攻形成合击态势，扑灭火灾。

（2）大跨度大空间建筑发生火灾时的合击

大跨度大空间建筑发生火灾时，如果不能有效控制，就会扩大燃烧，所以必须多角度多方位合击灭火。扑救火灾时，在燃烧建筑周围同时部署力量，一边灭火，一边冷却钢结构框架。钢结构建筑有坍塌危险时，可利用消防机器人、遥控炮多方位向燃烧区域合击。

（3）竖向管井发生火灾时的合击

竖向管井发生火灾时，火势通常由下而上一直燃烧到顶部。扑救这类火灾，应先部署灭火力量在上部适当部位并破拆管井，向管井内喷射灭火剂，消灭火点，控制火势；其余力量在管井下部布置阵地，上下合击，消灭火灾。

2. 建筑内合击的实施

（1）合击突破口的选择

在火灾初期阶段就应准确选择合击的突破口，建立有效的进攻通道，树立“选准、快进”的作战意识。重点以建筑内部通道为依托选择突破口。大型公共建筑外墙多是厚实的混凝土，有的外墙除了起分隔、围护作用外，还起承重作用，所以合击的突破口主要利用现有的通道，以存放物资少、火灾荷载小、燃烧相对较弱的地段或区域为依托选择突破口。对于大型仓库、厂房，一般屋顶和墙体大量采用彩钢板、彩钢夹心板等轻质建材，或者采用活动板房材料，这些建材强度较低，且一般不作为承重构件，用破拆工具可对其进行有效破拆，可以选择上述部位，破拆打开通道，直击火点。

对于建筑形式复杂的大跨度大空间建筑，如展览馆、影剧院等，可以以建筑防火分区为依托选择合击突破口，这样可以防止迷失方向。要充分考虑建筑的形状，如建筑形状不对称或呈不规则形状时，应选择在跨度最短处作为合击突破口，并尽量选择上风或侧上风方向作为合击突破口。

（2）合击路线的选择

在进入着火建筑以后，需进行侦察、搜救、灭火等一系列行动。不同的行动行进路线不同，这就需要对路线进行规划，合击行动的路线选择应遵循以下三个原则：

第一，侦察、搜救路线选择原则——最全。侦察是为了了解火情，搜救是为了救出火场内的被困人员，这两项行动都要求不留死角，确保全覆盖。因此，在执行侦察、搜救任务时，选择的路线要尽量能覆盖整个建筑。

第二，进攻灭火路线选择原则——最易。在查清火情后，合击灭火小组要以最快的速度抵达燃烧区消灭火灾。

第三，紧急撤退路线选择原则——最短。当建筑明显有要倒塌的迹象、火势突然失控，或有其他紧急情况出现时，合击人员要以最快的速度脱离险境，要选择最近的入口、门窗等通向外界安全区域的通道，以便能以最快的速度撤到安全区域，保证自身安全。

（3）合击推进方式

合击推进是为了接近火源、扑灭火灾，根据不同的火情应实施不同的推进方式。

第一，攻坚组梯次推进。当火场火势不是很大、障碍物不是很多时，水枪水炮可以压制住火势，可以打开内攻通道，合击小组可稳步推进。

第二，工程法推进。当火场火势较大，且燃烧物及障碍物较多，但是较为平坦开阔的火场，如大型仓库、厂房等，依靠常规方式难以推进，这种情况下可以用消防坦克或大型铲车、推土机在前面开辟合击通道，合击小组紧随其后，灭火人员利用水枪水炮压制前方火势，掩护前方车辆。

第三，消防机器人推进。可在人员不易进入的起火建筑中，将消防机器人通过遥控方式送入火场，冷却关键部位，防止建筑倒塌，为合击人员深入火场创造条件。

3. 建筑外合击的实施

当不具备建筑内部合击时，指挥员应选择合适时机，将战斗人员和相关装备部署在着火建筑外围，执行冷却、灭火任务。外部合击危险性较小，实施起来难度也较小。

（1）外部合击的时机

内部合击时机已经丧失，当建筑有倒塌危险或火势进入全面燃烧时期，内部被困人员的生还希望已经十分渺茫，为了避免不必要的人员伤亡，应严禁战斗人员进入建筑内部，已经深入建筑内部的战斗人员要立即撤出。指挥员应重新部署力量，将外部力量部署在灭火安全区域，对建筑实施外部合击灭火。

（2）外部合击行动环节

外围冷却灭火时，当火势突破建筑外壳需要外部压制，或者火灾已经发展到全面燃烧阶段，建筑有倒塌危险，内攻人员无法进入时，要部署外部力量，利用举高喷射消防车和大功率车载炮压制火势、冷却灭火。当跨度超过 60 m 时，普通举高喷射消防车或水炮车必须从跨度两侧对射，以满足外部灭火合击需要。

（3）外攻策略

外部合击策略主要体现在灭火力量的部署上，当建筑内火势达到猛烈燃烧阶段，建筑倒塌危险性非常大，在进行力量部署时，应遵循安全原则，即避开火场危险区域进行力量部署。

火场危险区域主要指当建筑物由于燃烧而发生倒塌时覆盖的范围。按照建筑常规的倒塌形式，地面垂直危险距离为正面外向倒塌墙体高度，地面水平危险距离与倒塌危险的墙体宽度相同，空间危险区域是以建筑高度为半径的弧形空间区域。

（4）力量部署区域的确定

在进行外部力量部署时，如果火势已突破建筑外壳且建筑倒塌危险性较大，应严禁将力量部署在火场危险区域，要将力量部署在较为安全的区域。建筑火场较为安全的区域主要有建筑侧面区域以及建筑拐角区域，因此力量部署有两种形式：

第一，在建筑侧面安全区实施灭火。建筑倒塌形式主要有向下坍塌和朝正面前方倾倒两种，向侧面或正面两侧 45°角方向的倾倒则很少，因此在外围设置水炮阵地时，可设置在建筑的侧面方向。

第二，在建筑拐角安全区实施灭火。着火建筑屋顶坍塌后，可能引起四面支撑墙向外倾倒，这是现场最危险的情况。如果判断建筑的支撑墙有向外倾倒趋势，可将外部力量部署在建筑的四个拐角处。

当在外部采用举高喷射消防车进行灭火射流时须注意三点：①利用举高喷射消防车、云梯车、登高平台车，以及利用邻近建筑物的较高部位等都可创造举高灭火水流，从着火建筑的窗口或其他开口射入水流进行合击灭火；②举起的云梯端或工作平台不能进入不稳墙体 90°角倾倒的弧线之内；③利用举高喷射消防车的工作斗，从侧面伸至正面的上空进行扑救时，应注意防止因建筑倒塌引起附近树木、电杆或空中电缆线倾倒的危害。

（四）围歼

围歼战术方法是指对燃烧区形成围攻态势，完成战术包围，发起进攻，消灭火灾的战法。运用围歼战法的前提是火势已得到有效控制，灭火剂充足，灭火力量足以对燃烧区域形成包围的态势。只要火场上具备了这些条件，指挥员即应组织灭火力量合围火势，发起进攻，迅速扑灭火灾。

1. 围歼灭火要求

（1）做好个人安全防护

参与围歼战术的所有消防救援人员都要充分做好个人的安全防护。若要进入建筑内，必须准确把控个人空气呼吸器的使用时长，给安全撤离或更换气瓶预留足够时间。

（2）合理选择围歼阵地

围歼阵地不一定选择在四个方向上，对于存在“天然屏障”（如实体墙、空场地等）的现场，可以采取三面围、半面围的特殊围歼形式。

（3）充分准备围歼力量

围歼战术的运用必须遵循“集中兵力，准确迅速”的原则，要在准确掌握现场的情况下科学估算围歼力量，并在估算力量的基础上加强力量的调动准备，确保围歼战术成功展开。

（4）保证现场通信畅通

作为现场通信联络工具既可以使用有线、无线设备，也可以使用手势、旗语，但均应明确通信方式方法，保证围歼指令下达畅通，保证各围歼阵地联络畅通。

（5）保障灭火剂的供给

应用围歼战术前，要充分考虑灭火剂的需求，应用时严格保障各种灭火剂的供给；在应用围歼战术时，要尽量避免或减少水渍损失。

2. 围歼的形式

（1）一般火场的围歼

运用围歼战术的火场直径一般不大于一个水枪（炮）的射程，以确保火场周围的灭火枪（炮）可以打击到火场的任何一个点。围歼战术一般用于火灾的初期和末期，不用于火场燃烧的猛烈阶段。围歼的特例是用一支水枪灭小面积火灾，称为歼灭。

（2）大面积燃烧区域被分割后的围歼

大面积易燃建筑密集区被分割后，应组织灭火力量，逐区域集中优势灭火力量，迅速予以包围扑灭，逐渐积小胜为大胜，扑灭火灾。

（3）多层建筑火灾被分割后的围歼

楼层火灾被逐层、逐区域分割后，利用分割阵地，加大关键部位的灭火力量，逐层、逐区域予以围歼。围歼过程中，必须加强火场指挥部的统一指挥和各阵地之间的协调配合及安全防护。

（五）排烟

排烟战术方法是指在火场上运用烟气流动规律，通过适当调控排烟方式，及时排除建筑物内高温有毒烟气或改变烟气流向，控制或延缓火势蔓延，发现被困人员和燃烧区域，为迅速抢救人员或内攻灭火创造条件的战法。

建筑火灾事故处置过程中，浓烟是严重干扰消防指战员视线、加大灭火救援难度、导致人员窒息死亡事故出现的重要因素。在建筑火灾事故处置现场，通过合理的排烟措施及时排出建筑内部的高温烟气，不但有利于参与现场实战处置的消防指战员及时发现起火点，同时避免了起火建筑内部高温聚热现象的出现。①

1. 火场排烟的目的

（1）为救人进行排烟

火场中，因为各种可燃物的燃烧会有大量烟气产生，而烟气具有化学毒害性、物理高温性、减光性、心理恐慌性等危害，会在很大程度上影响消防救援人员的施救。因此，为了确保救援效果，应当按照“排烟—进入—搜救”的顺序，先对着火建筑进行排烟，再让搜救人员进入建筑进行搜索。

（2）为灭火进行排烟

火场排烟的另一个重要目的是通过排除建筑内的高温烟气，在一定程度上降低建筑内的温度，并且通过控制烟气的流动从而阻止火势蔓延。除此之外，烟气的排出还可以增加建筑内部的能见度，从而为消防救援人员扑救火灾提供帮助。

（3）为安全进行排烟

火场安全主要是针对消防救援人员的。在火场当中，烟气会在很大程度上阻

---

① 贾少伏. 建筑火灾事故火场排烟措施初探［J］. 今日消防，2025，10（2）：37.

碍消防救援人员的视线，造成消防救援人员迷路，或使消防救援人员因建筑内隐藏的竖井、掉落物等受到伤害。因此，有效的排烟行动可以在一定程度上确保消防救援人员在建筑内的安全。

2. 火场排烟的方法

（1）运用自然排烟法排烟

根据火灾时产生的热气流的浮力和气象条件，利用建筑物本身的排烟竖井、排烟塔、排烟道或普通电梯井、楼梯间，从顶部排烟口（窗）将热烟气流排出。排烟时一般是将上风方向的下窗开启，将下风方向的上窗开启，利用风力加速横向排烟。采用此法应注意控制高温烟气流流向，防止因开口位置选择不当而加速火势的蔓延扩大。

（2）运用人工排烟法排烟

实施人工排烟可以采取两种方法：①破拆排烟法，即破拆建筑物的门窗、屋顶等适当部位排出烟气；②喷射雾状水流排烟法，既可以有效排烟，又可以冷却降温，掩护消防救援人员的救人、灭火。

第四节　救援现场信息采集与决策辅助系统

一、救援装备物资状态信息采集系统

救援装备物资状态信息采集系统是在智能化、信息化技术持续发展的背景下，为适应现代应急救援需求而构建的重要技术支撑系统之一。该系统通过集成先进的射频识别（RFID）、物联网传感、数据通信与智能分析等技术，致力于对各类救援装备和物资状态的全程、实时、动态采集与智能管理，从而实现装备资源的精细化监管和作战保障能力的系统化提升。其建设思路与运行机制不仅紧扣实战需求，也契合应急管理体系数字化转型的发展方向。

救援装备物资状态信息采集系统的核心在于实现多源异构数据的融合采集与智能处理。系统通过布设于各类装备上的 RFID 电子标签与传感终端，形成覆盖全面的信息采集网络，能够实时感知装备的存放状态、运行状态、位置状态以及使用频次等关键参数。同时，系统通过网关节点将各类传感数据进行整合与上报，依托云端数据平台实现统一管理、智能分析和可视化展示，进而形成完整的信息闭环。此种技术路径有效克服了传统手工管理方式效率低、易出错、信息时效性差等弊端，推动了装备管理模式向自动化、数字化、智能化方向转型升级。

在装备物资调度与配置环节，系统基于实时采集的状态信息，结合智能算法模型对装备运行状态进行评估与预判，可实现智能化物资调派。通过后台系统对不同类别、用途和状态的装备进行分类管理与动态跟踪，实现最优资源分配和任务匹配，从而显著提升应急响应的科学性与时效性。此外，该系统亦具备良好的可扩展性，能够根据任务种类和作战环境的不同进行参数自适应配置，从而满足多场景、多任务类型下的救援装备管理需求。

在非任务执行期，系统的应用有助于开展装备全生命周期管理。基于采集系统提供的多维度数据，管理单位可进行故障预警、保养维护、使用频率统计等功能操作，从而提前识别潜在故障，制订科学维护计划，延长装备使用寿命，提升技术保障能力。系统所提供的可视化平台不仅支持多终端接入和远程管理，而且能够实现对历史数据的回溯分析，为装备保障策略优化提供强有力的数据支撑。

在应急处置现场，采集系统与现场作战系统实现高度集成，为指挥调度系统提供全面的装备状态信息支持。各类状态数据通过无线通信链路实时回传至指挥平台，确保指挥人员在第一时间掌握装备物资的可用情况与运行状态，提升指令发布的针对性与精确性。特别是在突发环境下，系统可自动筛选关键设备状态变化，进行智能提示与告警，有效辅助指挥决策，增强整体作战组织效能。

系统在数据安全与稳定性方面亦进行了充分的设计。通过采用加密通信协议与多重数据备份机制，确保状态信息的传输与存储在复杂应急环境中的安全性与可靠性。同时，系统支持在线与离线数据采集模式的灵活切换，保障在网络中断或信号干扰情况下仍能持续进行装备状态数据的记录与上传，确保信息不丢失、不断链。

二、可视化救援综合信息指挥决策平台

灭火救援现场各类信息通过无线通信网络汇聚到数据中心，经过信息分发子系统的处理送达各业务处理子系统，此类信息是动态信息的主要来源，而静态信息主要包括人员、建筑等基础数据。综合动态信息显示作为指挥决策业务应用功

能的一个组成部分，用于展现现场综合态势信息。为了更好地支持面向用户的信息展现，原始接入的各类信息必须经过基本的信息分类、用户需求识别等综合信息处理，形成综合信息元素，并由信息展现模块以合适的方式予以显示。

（一）可视化平台的功能

可视化平台作为灭火救援综合信息指挥决策体系中的关键构件，其功能定位集中体现了现代应急管理中信息主导、数据驱动与智能辅助决策的核心理念。其基本功能不仅体现在信息的集成汇聚上，更在于实现多源异构数据的动态融合、分类处理与交互展示，从而为决策层提供可操作、可追踪、可研判的现场态势全景图。通过构建统一的信息指挥决策平台，可视化系统能够有效整合包括现场环境、车辆运行状态、装备器材状况及人员动态在内的多维度数据，增强对突发事件的全面掌控能力。

平台在智能化环境监测方面具备重要功能，通过部署先进的环境传感技术和数据建模机制，实现对救援现场各类环境参数的实时采集与变化趋势分析。基于对环境变量的动态感知与数据建模能力，平台能够实现对可能演化成危险态势的场景进行提前预警，提升对复杂灾害场景的响应能力。此外，系统支持对装备、器材、车辆及人员等关键作战单元的状态实时监控，尤其是对参战人员生命体征及定位信息的精准感知，为科学配置救援资源、保障救援安全提供了强有力的技术支撑。

可视化平台还具备高度专业化的数据建模与态势演化分析功能，能够构建适用于不同灾害类型与响应场景的多层次信息展现结构。借助空间维度的动态展示能力，平台可实现对救援现场整体态势的立体化、动态化表达，同时融合数字化预案资源，实现对既定处置流程的快速调用与落地执行。

（二）可视化平台的表达界面

可视化平台的表达界面作为灭火救援指挥决策系统中人机交互的关键载体，承载着信息感知、数据展示、动态交互和辅助决策等多重功能任务。该界面基于图形化操作技术构建，在图形缩放、地图漫游以及多比例尺地图显示等功能的支持下，具备良好的可操作性与信息表达能力，为实现救援要素的全面动态可视化奠定了技术基础。平台界面通过集成空间信息技术与智能监测系统，实现了对作战人员与车辆等核心资源状态的实时呈现，推动了指挥系统从静态展示向动态分析的转型升级。

在消防人员信息可视化方面，平台表达界面支持对生命体征数据的实时采集与可视化展示，通过数据连接模块与远程数据库实现信息同步更新。其图表化表达形式具备自动记录、动态变化展示和异常状态预警等功能，为作战指挥和现场医疗保障提供关键性数据支持。界面还集成了体征数据分析模块，通过对心率、血压及活动度等关键指标进行综合分析，形成结构化分析结果，不仅提升了健康监测的精度和实用性，也为应急状态下的快速诊断与处置提供数据依据。

此外，定位监控功能在界面表达中占据重要地位。平台能够同步或异步获取消防人员实时位置信息，并将其动态呈现在 GIS 地图上，同时结合姿态识别技术展示人员行动状态，从而实现对作战队伍部署及移动过程的全程掌控。在车辆信息可视化方面，界面设计兼顾状态监控与趋势分析，涵盖车辆运行参数、定位轨迹及气象条件等多类数据的集成展示与联动分析，为资源调配与战术部署提供支撑。

第五节　智能装备在灭火救援中的实战应用

一、无人机在灭火救援中的实战应用

随着消防事业改革全面推进，消防救援队伍作战装备器材进行了大规模更新换代，为了满足消防事业“全灾种、大应急”的转向发展需求，配合消防救援队伍的规范化、专业化、职业化转型发展，无人机作为应急救援中的重要设备，正在成为应急行业关注研究的重点设备器材，并在灭火救援实战中得到了广泛应用，也能够发挥出积极有效的灭火救援处置作用。①

无人机在消防领域的应用，不仅能够提供及时的空中视角，帮助指挥人员快速掌握火场动态，还能够执行一些高风险任务，如深入火场内部进行侦察或在难以到达的区域投放灭火剂。这些功能极大地提高了救援工作的效率和安全性，减

① 王文君. 无人机在灭火救援中的实战应用探析［J］. 中国设备工程，2024，(6)：40.

少了消防员直接暴露在危险环境中的风险。

（一）无人机技术在消防领域的应用方向

无人机技术在消防领域的应用前景广阔，能够极大地提升救援效率和安全性。在实际应用中，无人机可以用于火场侦察和监控，提供实时的高清视频和热成像数据，帮助指挥中心快速了解火场动态，通过搭载不同的传感器，无人机能够检测火源位置、温度分布以及有毒气体的浓度，为制定有效的灭火策略提供科学依据。无人机技术在灭火和搜救行动中有着巨大潜力，它们可以携带并精准投放灭火剂或灭火弹，直接对火源进行扑救，减少对地面人员的依赖和风险。在搜救行动中，无人机可以搭载生命探测仪和红外摄像头，快速定位被困人员的位置，提高搜救效率；无人机还可以作为通信中继站，在复杂环境中保持指挥中心与现场救援人员之间的通信畅通。

（二）无人机在消防灭火救援中的应用方法

1. 搜救行动

无人机在消防灭火救援中的搜救行动方法主要依赖于其快速部署和高空视角的优势。在火灾现场，无人机可以迅速起飞并飞越障碍物，到达人类难以进入或存在潜在危险的区域。在搜救行动中，无人机还可以携带扬声器或无线电通信设备，用于与受困人员沟通，指导他们前往安全区域或保持冷静等待救援。无人机还可以投掷小型救援物资，如急救包、食物和水等，为受困人员提供及时的帮助。通过这种方式，无人机不仅能够快速定位受困人员，还能提供必要的物资支持，延长他们的生存时间，直至救援队伍到达现场。

无人机在搜救行动中能够进行夜间或低能见度条件下的搜索任务。配备有夜视或红外成像技术的无人机可以在完全黑暗或烟雾弥漫的环境中继续执行任务，这对于在夜间或恶劣天气条件下进行的搜救行动尤为重要。无人机通过其先进的传感器和成像设备，可以穿透黑暗和烟雾，清晰地识别出热源和人体轮廓，从而发现那些传统搜救方法难以找到的受困人员。无人机在搜救行动中的灵活性还体现在其能够快速适应不断变化的环境和情况。无人机可以轻松地在狭窄的空间中飞行，穿越废墟和障碍物，到达那些传统搜救工具无法进入的区域。它们可以迅速调整飞行路线和高度，以适应现场的具体情况，并实时将现场情况反馈给指挥中心。

2. 空中灭火剂投放

无人机在消防灭火救援中，可以携带不同类型的灭火剂，如水、干粉或泡沫等，根据火场的具体情况选择合适的灭火剂进行投放。无人机通过其灵活的飞行能力，可以迅速到达传统消防车辆难以进入的区域。无人机在空中投放灭火剂时，可以利用其高精度的定位系统，确保灭火剂准确地覆盖火源，从而有效控制火势蔓延。无人机可以多次往返于火场和补给点之间，快速补充灭火剂，持续进行灭火作业，更好地控制火势。

在实施空中灭火剂投放时，无人机通常会配备专用的灭火剂容器和喷洒装置。这些装置设计得既轻便又坚固，能够承受灭火剂的压力和无人机的飞行振动。无人机在飞行过程中，可以根据火场的实时情况调整飞行高度和喷洒角度，以确保灭火剂能够均匀地覆盖在火源上。某些先进的无人机系统甚至配备了热成像摄像头，可以实时监测火场温度变化，帮助操作人员更精确地控制灭火剂的投放量和投放位置。通过这种方式，无人机不仅提高了灭火作业效率，还降低了消防人员直接面对火场的风险。

3. 空中侦察与监控

无人机在消防灭火救援中的空中侦察与监控应用方法主要体现在其快速部署和灵活机动性上。无人机能够迅速飞抵火灾现场，通过搭载的高分辨率摄像头和热成像设备，从空中提供火灾现场的实时视频和图像。这些设备能够穿透烟雾和黑暗，清晰地捕捉火势的蔓延方向、火源的具体位置以及火场内部的温度分布等信息。无人机还能够执行长时间的空中巡逻，持续监控火情的变化，为指挥中心提供连续不断的信息流。这种实时监控能力使得指挥人员能够根据最新情况调整灭火策略和资源分配，从而提高灭火行动效率。

无人机在执行空中侦察与监控任务时，可以覆盖地面人员难以到达或存在高风险的区域，如高层建筑火灾、森林火灾或化学泄漏现场。通过多角度、多高度的侦察，无人机能够提供全面的火场视图，帮助消防员更好地了解火场环境，避免踏入危险区域，从而制订更加安全有效的救援计划。通过这些方法，无人机在空中侦察与监控方面的应用，极大地增强了消防灭火救援行动的安全性和有效性。

二、机器人在灭火救援中的实战应用

（一）消防机器人总体设计方案

1. 消防机器人的要求

由于火灾现场环境的特殊性，消防机器人必须具有强大的功能，才可以适应火场条件。一般来说，消防机器人的主要构成为传感器、控制器、执行机构，这些不同部分之间相互配合，可在火灾事故中发挥救援作用。在设计消防机器人时应重点关注以下方面：

第一，保障机器人动作、决策等的灵活性，增强其控制能力。火灾发生后火势蔓延迅速，如无法保持机器人的动作灵敏度，将导致灭火救援延误，引发人员伤亡、经济损失。因此，火灾事故后为快速将消防机器人投入火场，应保障机器人强大的灵活度、感应力和控制水平，以确保机器人自动采集火场信息，启动相应的灭火动作。

第二，机器人系统的硬件设计应达到标准。硬件主要为微型处理器、传感器和控制器等部件，为了保障机器人的行动力、控制力，机器人硬件应具备数据和图像采集、处理及分析能力，可在识别到异常情况时启动报警装置，与现场指挥人员实时通话，快速组织人员撤离等工作。

2. 消防机器人关键部件选型

消防机器人的结构构成复杂，每一部件都影响机器人的整体性能及功能。为保障消防机器人在灭火救援中的应用效果，主要须关注以下关键部件：

（1）本体

本体为机器人的关键构成，承担着机器人的灭火救援任务，可为火场人员逃生创造良好条件。在设计本体时主要须关注现场的环境特点。当前，我国在设计消防机器人本体时，重点须关注以下方面：以工作环境、作业要求为基准选定主体结构，以实际环境和工作性质为前提确定部件尺寸、形态。

（2）运动机构

运动机构指的是消防机器人在完成灭火救援任务时，以现场灭火和救援需求为基准，利用相应机械装置来为系统提供一定的动力。正是由于运动机构在机器人运动中的重要性，设计运动机构时须参考行业规范，并考虑其工作环境。

（3）附件部分

附件部分，如喷水与灭毒设备，在设计时，需要有一个辅助功能强大、操作便捷、可实时报警的装置；而对于其中的喷药器、灭烟栓等设备则须由专业厂家生产。

3. 消防机器人的确定

与传统的消防救援设备相比，消防机器人的功能强大，其能克服许多不利条件的限制，结合火场情况开展有针对性的灭火和救援任务。当前的市场上出现了多种类型的消防机器人，每种机器人都有各自的适用条件及功能特点，灭火救援期间，有关人员须择优选择。

以火场区域、环境特点为参考，分析灭火救援任务，选定消防机器人的类型、功能。通常来说，火灾事故发生的第一时间，相关部门必须立即启动救援程序，但一些情况下火势较大，火场情况复杂，贸然组织消防人员进入现场不仅无法成功灭火和救援，还会给消防人员带来生命威胁。因此，在火势严重的情况下，可率先安排消防机器人进入现场探明情况，但此过程中，须结合事故现场的环境等来选定机器人类型。

火灾发生后消防部门还须考虑到安全性和效率性，分析是否有必要启动消防机器人。消防车辆为消防救援中的重要设备，有关人员须密切关注灭火情况，选定特定型号的消防车辆与消防机器人相配合，达到预期的救援效果。

（二）消防机器人在灭火救援中的应用

1. 在高层建筑中的应用

经济社会稳步发展的今天，我国的高层建筑日渐增多，这种类型建筑的结构特殊性决定了火灾事故的较大危害。一旦高层建筑中发生火灾事故，不仅会造成重大损失，还面临较大的灭火救援难度。因此，灭火救援中，应积极配备消防机器人，利用机器人的自带功能掌握建筑内部结构，检测现场烟气浓度、温度情况等，据此分析火势蔓延趋势及危险程度。为在高层建筑中合理应用消防机器人，还须做好相应工作：①科学调配人员、物资，当启动消防机器人进行灭火救援时，物业等须积极与消防部门合作，做好物资、人员等的调配；②深入分析现场建筑布局、火源情况，制定更有针对性的人员疏散路线、应急救援方案，以减小火灾带来的损失；③火场附近存在各种危险物品，需要重点关注这一方面，分析危险物品的位置、数量、带来的危害等，利用消防机器人快速进行处理，以降低危害。在高层建筑中可安装消防机器人、其他消防设备，一旦发生火灾事故，消防机器人须与消防部门建立通信关联，确保机器人能将火场信息传输给指挥部门，由指挥部门制订最为科学的灭火救援方案。

2. 在地下建筑中的应用

地下建筑的火灾处理中也常常须利用消防机器人，以克服火灾现场救援的不利条件限制。地下建筑中利用消防机器人，可凸显机器人的功能优势：能快速锁定危险区域并产生一定的灭火或者保护动作；可灵活应对各种火灾情况；快速与消防指挥部门联系，制定最优的逃生疏散路线和救援方案，降低损失。比如地下建筑火源处的粉尘、有毒气体、灰尘等物质较多，或者地面有积水，随着火势的蔓延，这些有毒有害物质将逐步向周边扩散，并产生大量烟气、烟雾与火焰，在初期阶段如未采取合理化措施，可能导致人体窒息。而启动消防机器人进行灭火后，机器人中的数据采集和处理模块能自动获取火场信息，并进行信息识别和传输，及时启动灭火操作，并与外部消防部门取得联系，寻求帮助。比如现场火势较高或者蔓延迅速，有毒气体多，机器人须通过无线通信技术与消防人员联系，由机器人向消防人员汇报现场情况，并要求消防人员给予一定的帮助，如可以启动无人机，在火场上空进行降雨或者投放灭火剂。

三、智能头盔在灭火救援中的实战应用

近年来智能可穿戴设备发展迅速，但发展主要倾向于单个设备的应用或者设备与手机的互联，功能主要倾向于丰富生活方式，如运动追踪、睡眠监测、手机辅助等。智能可穿戴设备又称穿戴式智能设备，是应用穿戴式技术对日常穿戴进行智能化设计、开发出可以穿戴的设备的总称。通过对智能硬件的开发和软件的适配，智能可穿戴设备已经可以应用于战斗员的生命体征监测、运动监测和运动评估，能够在提高作战安全和指导科学训练等方面发挥重大的作用。

（一）智能头盔在灭火救援训练中的应用

1. 保障训练安全

在灭火救援训练中，消防智能可穿戴系统可通过对参训者实时心率、训练时间、训练强度等数据的获取，实现运动水平的监测，从而进一步保障训练安全及效果；此外，终端可以自动记录每名参训者每次的训练水平，后期可以对多次训练成绩进行对比，达到科学训练的目的。

2. 辅助制订训练计划

消防智能可穿戴系统可通过对参训者运动数据的获取，对训练进行实时性或阶段性的评估：①实时性评估，分析评估本阶段每个参训者的运动量以及对应的身体状况；②阶段性评估，根据评估结果科学制订或调整训练计划。

对于运动水平的评估和科学训练计划的制订与实施可以通过以下方法实现：

（1）利用简化心率区间，有效提高训练成绩

将心率划分为峰值锻炼、心肺锻炼、脂肪锻炼三个区间，通过对每名参训者设定相应的训练目标区间，同时根据心率的监测使之形成对比，从而督促参训者使其心率保持在目标区间内，达到提高训练成绩的目的。

（2）通过保持运动强度，提高训练成绩

根据每名参训者不同的身体状况，设定相应的训练强度，并实时监测心率变化，从而判断参训者的训练成绩变化，督促参训者刻苦训练，提高训练成绩。

（二）智能头盔在灭火救援行动中的应用

1. 保障作战安全

消防智能可穿戴系统的使用将给战斗员提供更加可靠的呼吸保障。消防智能可穿戴系统的双路报警机制可以弥补空气呼吸器的报警装置报警无效的不足，实现有效报警。当空气呼吸器压力达到报警压力时，在空气呼吸器报警器发出报警的同时，智能头盔的显示装置上会频闪压力值，并发出振动以提醒战斗员及时更换气瓶。空气呼吸器的实时压力会发送到通信指挥终端，同时发出报警从而提醒安全员或指挥员，随后通过通信方式来告知战斗员立刻撤出战斗更换气瓶。利用多种形式的报警机制，提供更加可靠的呼吸保障，保障战斗员的安全。

消防智能可穿戴系统在紧急时刻可为战斗员提供可靠的逃生路线。智能头盔

的红外功能为撤退提供视野上的辅助，使战斗员及指挥人员了解自身所处位置的环境情况；同时，指挥员可以通过智能手环的精准定位与通信指挥终端的三维地图相结合给出撤退路线规划，并发送给战斗员或通过无线通信指导战斗员撤出危险区域，从而保证战斗员在最短的时间内从危险区域撤出。

2. 辅助作战

消防智能可穿戴系统的智能头盔可以为战斗员提供清晰的进攻路线与作战环境，实现可靠的火场通信。系统中的智能头盔通过红外探测模块，可以使战斗员穿越浓烟的障碍，看到清晰的火场情况，迅速找到起火点、发现被困人员，同时，可以将所探测到的图像信息传送到通信指挥终端，使指挥员直观地看到火灾事故现场内部的环境；智能头盔可靠的免提通话系统，能够实现各作战小组、指挥员之间的无线通信，从而便于指挥员适时调整作战方案，实施灵活的指挥。

智能手环的精确定位可让指挥员了解每名战斗员的位置信息，以实现灵活调配。火场的人员定位必须精确，这种定位需要与起火单位三维立体图像相结合。通过调用重点单位的三维立体图像与智能手环的定位相结合，使指挥员可以实时了解每名战斗员的位置信息，从而综合火场形势对人员实现灵活的指挥和调配。

第六节　信息技术在灭火救援中的融合应用

一、建筑信息模型在灭火救援中的融合应用

建筑信息模型（BIM）在灭火救援领域的融合应用，充分发挥了其空间表达能力强、信息集成度高、动态交互性好的优势，推动灭火救援工作实现由经验主导向数据驱动的转变。BIM 通过与地理信息系统（GIS）等多源数据的深度融合，不仅实现了建筑空间信息的三维再现，更为消防指挥提供了精准、动态的决策支持平台。

在数据融合层面，BIM 模型通过专用接口实现与 GIS 平台的数据对接，建筑三维模型的几何信息与其属性数据通过唯一标识进行有效关联，保证了模型数据的完整性与可操作性。借助 SuperMap GIS 等系统平台，BIM 模型得以无缝集成至地理空间环境之中，实现对建筑物内部空间结构和外部地理位置的统一建模与可

视化呈现，为灭火救援的空间分析与资源调度奠定了坚实基础。

在单位基本信息管理方面，BIM 平台能够整合建筑物的结构、功能、耐火等级、使用性质、周边环境、通信联络等关键数据，并以结构化文本或表格形式加以展示。这种信息整合方式有效提升了消防单位对辖区建筑的掌控能力，为救援前的风险评估和资源准备提供了翔实的依据。

通过 BIM 模型的三维分析功能，指挥人员可以直观地获取建筑物的地上与地下空间布局、外立面形态、内部结构细节等信息，实现对消防控制室、疏散通道、消防设施、水源接口等关键部位的精准定位与高效识别，从而极大地提升信息获取效率与救援策略的科学性。

在力量部署层面，平台基于 BIM 模型的空间数据和建筑功能分区信息，能够针对不同等级的灾害设定相应的救援方案，规划最优疏散路径、车辆进出路线、战斗区域划分及器材配置方案，实现资源的最优调度与精确投放。同时，系统还可联动周边应急单位，实现多方协同与统一指挥。

BIM 支持的三维导航功能为灭火救援提供了更为直观且高效的路径引导手段。室外导航结合交通路网与实时环境数据，可自动计算出最优路径并引导救援力量快速抵达现场。室内导航则通过 BIM 模型与定位技术的结合，实现对复杂建筑内部空间的精准引导，使救援人员能够在最短时间内到达火源、被困人员或关键设施所在位置，显著提高应急响应的时效性与作战效率。

此外，基于 BIM 的桌面推演功能在灾害应急演练与培训中具有重要应用价值。平台可对灾害场景进行三维仿真模拟，支持指挥调度、力量部署、战术执行等多维要素的可视化推演，并通过系统自动生成评估指标与定性反馈，为演练效果的评估和救援策略的优化提供数据支撑与技术支援。

二、人工智能在灭火救援中的融合应用

（一）大数据技术在灭火救援中的应用

在信息技术大背景下，大数据时代已经来临，其对世界的各方面发展都产生较强的影响作用，而作为消防工作的重点内容，灭火救援工作也因大数据时代的来临实现了突破性进展。其可以有效整理和分析海量的数据信息，还能对其进行进一步的辅助决策，在信息技术进一步更新的模式下，大数据技术也会逐步趋向

完善，也会更加广泛地应用在灭火救援系统中。①

1. 数据采集与处理

在灭火救援过程中，数据采集和处理是运用大数据技术的第一步。通过火灾现场安装的温度、烟雾和火焰等多种传感器，可对火灾中的多种数据进行实时采集。无人机与卫星遥感技术还能够协助数据采集工作，为数据采集提供更加广阔的视角与更加准确的数据信息。通过对采集数据进行预处理，主要包括数据清洗、格式转换以及噪声过滤，可保证数据准确、完整。

2. 数据存储与管理

将大数据技术运用于灭火救援，需要有效地存储与管理海量数据。传统关系型数据库已很难处理这么大的数据量，使用 Hadoop、NoSQL 等分布式存储系统是必然的选择。数据备份及恢复机制也很有必要，以保证应急时的数据安全和可用。通过对数据进行科学存储和管理，可确保灭火救援信息及时可靠。

3. 数据分析与挖掘

数据分析与挖掘是大数据技术应用于灭火救援的核心内容。对历史火灾数据进行分析，可找出火灾规律及趋势，并预测出今后可能出现火灾的地区及时间。通过机器学习与深度学习算法，能够在大量数据中发现隐藏的规律与特征，提高火灾预测与应急响应精度。

4. 实时监控与预警系统

实时监控与预警系统是大数据技术在灭火救援中的重要应用。通过监控系统实时收集火灾现场的数据，并通过大数据平台进行分析、处理，可以及时发现火灾并发出预警信号。该实时监控系统能够将视频监控、传感器数据以及社交媒体信息等多种数据相结合，充分了解火灾现场动态情况并实时对指挥中心进行决策支撑。预警系统可以在火灾发生初期阶段及时报警，为处理火灾赢得更多时间，降低火灾造成的损失。

（二）物联网技术在灭火救援中的应用

1. 传感器网络

传感器网络构成了物联网技术在灭火和救援活动中的基础性应用。为了实时

① 陈文钦. 大数据在灭火救援中的研究 [J]. 科技资讯，2021，19（8）：7.

监控环境参数，在火灾高风险区域和关键建筑内部署了多种传感器，包括温度传感器、烟雾传感器和气体传感器。当发现异常时，传感器网络会立即向控制中心传输数据并启动预警机制。传感器网络高密度部署与实时数据传输能力使火灾及早发现与快速响应得以实现，显著提高了灭火救援效率与成效。

2. 无线通信与数据传输

无线通信和数据传输是利用物联网技术进行灭火救援的关键部分。利用无线通信技术、传感器网络、智能设备等技术，可以把采集的数据实时地传送给指挥中心，实现信息的快速共享与处理。无线通信技术主要有 Wi-Fi、ZigBee 和 LoRa，这些技术可针对特定应用场景来选择适合自己的技术方案。高效无线通信及数据传输技术可为灭火救援工作提供可靠信息支撑，保障救援行动及时有效进行。

3. 物联网平台与应用

物联网平台及其应用是物联网技术应用于灭火救援工作的全面表现。物联网平台将传感器网络、智能设备以及无线通信技术集成在一起，搭建了统一的监控与管理系统。该平台能够对火灾现场各类数据进行实时监测，并提供数据分析及可视化功能，以辅助指挥中心做出决策与指挥。借助物联网平台，可实现灭火救援资源的综合管理与调度，提高救援效率与响应速度，促进整体应急管理水平的提升。

（三）区块链技术在灭火救援中的应用

1. 数据安全与隐私保护

区块链技术对于数据安全和隐私保护有着重要优势。灭火救援中各种数据的安全与隐私非常重要。区块链以其去中心化、不可篡改、可追溯等特点保证了数据传输与存储时的安全性。各种救援数据如火灾报告、资源调度记录以及人员的详细信息，都可以利用区块链技术进行加密和分散存储，这样可以有效地防止数据被泄露或篡改，从而提高灭火救援任务的可靠性和安全性。

2. 多方协同与信息共享

区块链技术应用于多方协同和信息共享，为灭火救援工作提供了一种新的方式。火灾救援时很多部门与机构都要协同合作，其中消防部门、应急管理部门、医疗救援以及社区组织都要协同工作。区块链技术可以构建一个安全透明的共享平台，各方可以在确保数据隐私的前提下，实时共享救援信息，提高协同效率。借助区块链技术，可以使救援双方快速获取并更新关键数据，优化资源配置与决策过程。

3. 区块链与大数据、物联网的融合应用

区块链、大数据、物联网等技术的融合运用，给灭火救援带来了全新的方向。通过融合区块链、大数据、物联网等技术，能够安全共享数据、智能分析数据。在火灾监控、预警及应急响应等领域，物联网设备获取的数据能够通过区块链安全传输与存储。区块链去中心化的特点也能推动跨部门、跨区域协同工作，提高灭火救援整体效率与成效。

参考文献

[1] 伍培，侯珊珊，郑洁．智能建筑概论［M］．4 版．重庆：重庆大学出版社，2022．

[2] 张原赫．人工智能技术在智能建筑中的应用分析［J］．中国新通信，2019，21（2）：54-55．

[3] 陈振明，王朋，肖运通，等．建筑钢结构智能制造研究及进展［J］．建筑钢结构进展，2025，27（1）：15-23．

[4] 胡寒阳．智能建筑导向的人屋交互设计系统分析和发展趋势研究［J］．南京艺术学院学报（美术与设计版），2025（1）：184-190．

[5] 张安华，刘伟林，吕少卿．数智赋能蔡氏古民居建筑基因的智能设计传承［J］．包装工程，2025，46（4）：342-353．

[6] 林佳瑞，陈柯吟，郑哲，等．建筑工程标准规范智能解译关键技术及应用［J］．工程力学，2025，42（2）：1-14．

[7] 王学通，任柏源，刘景矿，等．TOE 视角下建筑业智能建造技术应用的影响因素研究［J］．工程管理学报，2025，39（1）：14-20．

[8] 李俊亭，毛龙新，曹金凤，等．基于智能合约的建筑供应链索赔支付模型［J］．工程管理学报，2025，39（2）：124-128．

[9] 吴明萱，张淞博，孙玉卿，等．智能建筑环境控制系统的照明与空调节能效果实证研究［J］．建筑科学，2024，40（8）：199-207．

[10] 李密．人工智能在建筑企业财务共享中的应用与展望［J］．中国集体经济，2025（8）：189-192．

[11] 何宛余，杨良崧．生成式人工智能在建筑设计领域的探索［J］．建筑学报，

2023（10）：36-41.

［12］陈晓宇，贾琨，张振国，等. 基于元数据的建筑机电系统智能运维［J］. 建筑科学，2023，39（10）：144-149.

［13］马成也，宋明星. 多智能体系统在建筑数字技术领域的研究综述［J］. 南方建筑，2023（5）：56-67.

［14］熊浩，伍军，蔡国庆. 装配式建筑全寿命周期智能建造技术体系构建［J］. 铁道工程学报，2023，40（5）：96-101.

［15］戴剑勇，高文卉，张澳，等. 基于改进多智能体模型的建筑火灾疏散研究［J］. 中国安全生产科学技术，2024，20（7）：101-107.

［16］侯慧，何梓姻，陈跃，等. 基于深度强化学习区间多目标优化的智能建筑低碳优化调度［J］. 电力系统自动化，2023，47（21）：47-57.

［17］陈晓红，任剑，张新玉，等. 数智时代打造智慧城市［M］. 长沙：湖南人民出版社，2024.

［18］郝赫. 智能建筑发展现状与前景分析［J］. 智能建筑与智慧城市，2021（9）：134.

［19］徐亚伟. 智能化技术在智能建筑中的应用［J］. 智能城市，2024，10（4）：96.

［20］李林. 智慧城市大数据与人工智能［M］. 南京：东南大学出版社，2020.

［21］郭理桥. 城市发展与智慧城市［J］. 现代城市研究，2014（10）：2-6.

［22］张颉. 建筑设计中智慧城市理念的渗透［J］. 绿色建造与智能建筑，2023（08）：124-126.

［23］潘辉龙. 高层建筑灭火救援的难点与要点分析［J］. 今日消防，2025，10（1）：77.

［24］贾少伏. 建筑火灾事故火场排烟措施初探［J］. 今日消防，2025，10（2）：37.

［25］王文君. 无人机在灭火救援中的实战应用探析［J］. 中国设备工程，2024（6）：40.

［26］陈文钦. 大数据在灭火救援中的研究［J］. 科技资讯，2021，19（8）：7.

［27］连而铸. 高层建筑火灾扑救探析［J］. 福建建筑，2016（7）：123-126.